W0347568

Schulschiffe unter Segel und Motor

Zur Geschichte der GST-Marineschule „August Lütgens“ Greifswald-Wieck

Lutz Mohr

Für meinen Freund und Marinekameraden, Herrn Fregattenkapitän a. D. Diplom-Militärwissenschaftler Günter Krieg, Doberlug-Kirchhain.

Impressum
© EDITION POMMERN
18510 Elmenhorst 2012
ISBN: 978-3-939680-07-9
Autor: Lutz Mohr
Illustrator: Helmut Maletzke
www.edition-pommern.com

Schulschiffe unter Segel und Motor

Zur Geschichte der GST-Marineschule „August Lütgens“ Greifswald-Wieck

Lutz Mohr

Illustrationen
Helmut Maletzke

Edition Pommern

EINFÜHRUNG

Im Greifswalder Ortsteil Wieck liegt an der Mündung des kleinen Küstenflusses Ryck in die Dänische Wiek der Gebäudekomplex der ehemaligen GST-Marineschule „August Lütgens". Diese maritime Einrichtung ist eng mit der Entwicklung der DDR und ihrer Massenorganisation, der Gesellschaft für Sport und Technik (GST), verbunden.
„Hier in Wieck, an der ehemaligen Hochseejachtenstation, Seesport- und Marineschule, erhielten von 1954 bis 1989 rund 25.000, vor allem junge Bürger der DDR, eine Ausbildung. Jenen, die sich hier oft zum ersten Mal an Bord der Schuljachten, Schulboote und Schulschiffe sowie bei Tauchgängen bewährten, die mit ihrem Aufenthalt am Greifswalder Bodden viele Erlebnisse verbinden, deren Weg zum Dienst in der Marine und zum Seemannsberuf hier begann, soll diese Darstellung gewidmet sein" (H. Sieger 2011).
Die vorliegende Publikation basiert auf der von mir als Manuskript erarbeiteten „Chronik der GST-Marineschule `August Lütgens` Greifswald-Wieck – Von den Anfängen bis 1988", die ich im Frühjahr 1989 beendete. Chronik und jetzt Buch konnten nur entstehen, weil mich damals zahlreiche Angehörige der Greifswalder GST-Marineschule mit Rat und Tat unterstützten.
Als in der DDR der Wiedervereinigungsprozess mit der BRD einsetzte, war auch die GST-Marineschule in Greifswald-Wieck gegenstandslos geworden, sie wurde abgewickelt. Ihre Gebäude wurden zunächst vom Berufsförderungswerk Greifswald übernommen und genutzt und in der Folgezeit zu einem maritimen Jugenddorf (Majuwi) um profiliert.
Von dem einstigen Schiffsbestand blieb nur das Segelschulschiff „Wilhelm Pieck", heute „Greif" im Besitz der Universitäts- und Hansestadt Greifswald. Das Jahr 2010 gestaltete sich zum Schicksalsjahr des populären und traditionsreichen Tauchsportschiffes „Artur Becker". Aus Rentabilitätsgründen wurde das Schiff stillgelegt und verkauft. Den Werdegang der beiden letzten Schiffe der GST-Marineschule von 1990 bis zum gegenwärtigen Zeitpunkt darzustellen, war in diesem Rahmen nicht beabsichtigt.
Der Verfasser, der als Kursant auf Schiffen der Greifswalder Marineschule seemännische Grundlagen erlernte und später als Seemann beim VEB Deutsche Seereederei Rostock über die FDJ rege Verbindungen zur GST-Marineschule unterhielt sowie später als ehrenamtlicher GST-Funktionär in den Jahren 1983 bis 1987 auf ihren Schulschiffen fuhr, möchte mit dieser Publikation an die Entwicklung dieser einmaligen Greifswalder maritimen Ausbildungsstätte der DDR, ihre Mitarbeiter und ihre Ausbildungsschiffe erinnern.

BEGINN IN ROSTOCK - UNTER DER FLAGGE DER FDJ

Die Anfänge der Greifswalder Marineschule lassen sich bis zum Bau des Segelschulschiffes „Wilhelm Pieck“ (1951) zurückverfolgen, das unter der Regie der Freien Deutschen Jugend (FDJ) gebaut und zunächst unter ihrer Flagge segelte. Nach Gründung der DDR am 7. Oktober 1949 wurden in der gesamten Republik Wasserfahrtsportgemeinschaften der FDJ ins Leben gerufen, die bis 1952 bestanden. Anlässlich des 1. Lehrganges der FDJ für Wasserfahrtsport, später Seesport, im Oktober 1950 in Schwerin, übergab Admiral Waldemar Verner die ersten Kutter „K 10“.
„Unsere damals junge Republik brauchte zum Schutz der Seegrenzen, zum Aufbau der Handelsflotte und der Fischerei Jugendliche, die ihrem Arbeiter-und-Bauern-Staat treu ergeben waren und sich für die Seefahrt und den Wassersport begeistern konnten“ (H. Sieger 1971).
In dem erst fünfjährigen Organisationsleben der FDJ (gegründet am 7. März 1946), war der 3. Januar 1951, der 75. Geburtstag des ersten Präsidenten der DDR, Wilhelm Pieck (1876-1960), ein besonderes Ereignis.
An diesem Tag wurde Wilhelm Pieck von Werktätigen der Warnow-Werft Warnemünde das Projekt zum Bau einer Hochseejacht als Staatsjacht überreicht. Die Initiative zum Bau dieses Schiffes, das Wilhelm Pieck anlässlich der III. Weltfestspiele der Jugend und Studenten im August 1951 übergeben werden sollte, ging von der Bevölkerung des Landes Mecklenburg-Vorpommern unter der Regierung des sozialdemokratischen Ministerpräsidenten Wilhelm Höcker (1886-1955) und von der Jugend der DDR aus.
Der Bau dieses Schiffes entfachte eine breite Bewegung von freiwilligen Einsätzen:
160 Kollegen der Abteilung Schiffbau der Warnow-Werft verpflichteten sich, 2400 unentgeltliche Arbeitsstunden zu leisten.
Ihnen folgte ein Aufruf der Brigade „Walter Ulbricht“ vom Rohrlegungsbau der Werft, den Erlös von drei monatlichen Sonderschichten zu je sechs Stunden für den Bau des Schiffes zur Verfügung zu stellen.
Weitere Belegschaften Mecklenburger Betriebe leisteten durch zahlreiche freiwillige Einsätze materielle Hilfe, so die damalige Matthias-Thesen-Werft in Wismar, die die Takelage und die Decksaufbauten herstellte.
Die Industriewerke Schwerin lieferten das Ankerspill, und die Arbeiter der Schweriner Eisengießerei gossen die Schiffsglocke, während durch die Boizenburger Schiffbauer in über 1000 freiwilligen Arbeitsstunden die Schlammkästen und weitere Einzelteile angefertigt wurden.
Aber auch die Leistungen der Werktätigen der Rostocker Neptunwerft, des Dieselmotorenwerkes Rostock und der Boddenwerft im heutigen Ribnitz-Damgarten müssen erwähnt werden.
Für den Bau der „Wilhelm Pieck“ konnten insgesamt 559 Aktivitäten in Form von Geldspenden oder Arbeitsleistungen von Kollektiven bzw. Einzelpersonen ermittelt werden, die etwa den Betrag von einer Million DM ausmachten.
Bereits am 27. Februar 1951 konnte auf der Warnow-Werft die Kiellegung des Schiffes erfolgen, dessen Generalplan nur 25 Tage zuvor der Chefkonstrukteur des Schiffes und Leiter der Konstruktionsbüros der Warnow-Werft Warnemünde, Wilhelm Schröder, vorgelegt hatte.

Von März bis Mai 1951 fand bereits der zentrale Lehrgang zur Vorbereitung der 1. Schülerbesatzung des Segelschulschiffes in Rostock-Gehlsdorf statt.

SCHIFFSTAUFE MIT WILHELM PIECK

Der Zentralrat der FDJ schlug vor, dem künftigen Segelschiff den Namen des Präsidenten der DDR, Wilhelm Pieck, zu geben.
Während einer Friedenskundgebung auf der Warnow-Werft Warnemünde erfolgten in Anwesenheit Wilhelm Piecks am 26. Mai 1951 der Stapellauf und die feierliche Namensverleihung des Segelschiffes. Es war der erste Stahlschiffneubau der Warnow-Werft nach dem Zweiten Weltkrieg.
Den Taufakt nahm die 16-jährige FDJlerin und Technische Zeichnerin auf der Warnowwerft Waltraud Zappe vor.
Wilhelm Pieck wandte sich damals mit folgenden Worten an die Jugendlichen:
„... übt Euch im Kutterpullen, im Kuttersegeln und in der Handhabung seemännischer Geräte, gedenkt der revolutionären Matrosen Max Reichpietsch und Albin Köbes, pflegt die fortschrittlichen seemännischen Traditionen, damit Ihr, wenn Ihr einmal auf die Meere der Welt hinausfahrt, durch Eure politische Haltung und Euer fachliches Können den Völkern zeigt, dass in der DDR eine neue Jugend herangewachsen ist, eine Jugend, die durchdrungen ist vom Geist des Friedens und der Völkerfreundschaft."
Gleichzeitig übergab der Präsident das Segelschiff dem Zentralrat der FDJ als „Schiff der Jugend". Da die Freie Deutsche Jugend Reeder eines im Bau befindlichen Segelschiffes geworden war, benötigte man einen erfahrenen Seemann, der die verantwortungsvolle Funktion des Kapitäns übernehmen konnte. Er wurde schließlich in dem achtundsechzigjährigen Ernst Weitendorf (1883-1974) aus Rostock-Gehlsdorf gefunden. Der Nestor der deutschen Segelschiffskapitäne berichtet über jene Zeit in seinem autobiografischen Roman „Aus dem Logbuch meines Lebens", der im Hinstorff Verlag Rostock 1958 erschien.
Die drei Nautischen Offiziere – Klaus Heiden als I., Herbert Jark als II. und Rolf Schilling als III. - hatten schon vor dem Kapitän angemustert. Alle drei gehörten zum ersten Schüler-Lehrgang, der seit Kriegsende an der Seefahrtsschule Wustrow eine Ausbildung erhielt. Als Politoffizier fungierte Peter Möbes, ehemaliger Mitarbeiter im Zentralrat der FDJ, später Heinz Born und Günter Hepper. Zu Weitendorfs Zeit übte auch der spätere Leiter der Greifswalder GST-Marineschule, Helmut Sieger, kurzfristig diese Funktion aus. Leitender Maschinist wurde Gerhard Hoffmann und Oberbootsmann Wilhelm Kayser. Vier Kursanten ersetzten als Leichtmatrosen die Stammbesatzung: Fred Baier, Siegfried Münn, Günter Müller und Karl-Heinz Niemann.
Zu einem weiteren Höhepunkt in der Entwicklung der FDJ gestaltete sich die Indienststellung des Segelschulschiffes „Wilhelm Pieck" am 2. August anlässlich der III. Weltfestspiele der Jugend und Studenten 1951 in Berlin.
Unter dem Kommando von Kapitän Weitendorf setzte das Schiff mit Wilhelm Pieck an Bord zum ersten Mal seine Segel und begab sich auf Jungfernfahrt in die Ostsee. Die Jungfernfahrt, der vierstündige Segeltörn mit dem Präsidenten an Bord, bildete zugleich den Auftakt für den ersten Lehrgang auf dem Segelschulschiff „Wilhelm Pieck", der vom 1. August bis 5. September 1951 stattfand.
„Insgesamt 156 Tage von der Kiellegung bis zur Jungfernfahrt war für die damaligen Pro-

duktionsbedingungen – sechs Jahre nach Ende des 2. Weltkrieges – eine historische Leistung der Werktätigen im zweiten Jahr des Bestehens der DDR" (H. Sieger 2005).
Auf Vorschlag des IV. Parlaments der FDJ und ihres damaligen 1. Sekretärs, Erich Honecker, hatte der Ministerrat der DDR die Bildung einer neuen Massenorganisation, der Gesellschaft für Sport und Technik (GST), beschlossen, die am 7. August 1952 in Karl-Marx-Stadt, heute Chemnitz, gegründet wurde.
„Mit der Gründung der GST wurde allen an der Seefahrt und dem Seesport Interessierten unumschränkte Möglichkeiten zur Entwicklung auf dem maritimen Gebiet gegeben ..." (G. Sensfuss 1960).
Im Vorfeld dazu entstand ein Initiativkomitee für die Gründung einer Gesellschaft für Sport und Technik, das sich am 1. Juli 1952 konstituierte.
Auch die zu diesem Zeitpunkt stattfindende II. Parteikonferenz der SED (9. bis 12. Juli) unterstützte das Vorhaben der FDJ.
Am 31. Juli 1952 hatte das am 19. Juli bestätigte Initiativkomitee, dem unter anderen Arno Berthold, Ministerium des Innern; Manfred Tomuschat, Zentralrat der FDJ und Gerhard Bork, Ministerium des Innern, angehörten, an den Ministerpräsidenten der DDR, Otto Grotewohl (1894-1964), den Antrag zur Bildung der Gesellschaft für Sport und Technik gestellt. Vom ZK der SED empfohlen, erließ die Regierung der DDR am 7. August 1952 die „Verordnung über die Bildung der Gesellschaft für Sport und Technik", die von Otto Grotewohl und dem damaligen Innenminister, Willi Stoph (1914-1999), unterzeichnet wurde.
Damit hatte die Geburtsstunde einer neuen Massenorganisation in der DDR geschlagen.
„Damit war der entscheidende Schritt getan, eine selbstständige Massenorganisation zur

Entwicklung der Wehrbereitschaft und Wehrfähigkeit der Bürger, insbesondere der Jugend, aufzubauen" (GST-Chronik 1987). „Auch politische Zwänge, die internationale und die innerdeutsche Lage führten dazu, den Aufbau der GST weitgehend nach dem Muster der sowjetischen Bruderorganisation DOSAAF (Freiwillige Gesellschaft zur Unterstützung der Armee, der Luftstreitkräfte und der Flotte) zu organisieren ... Im Lauf der Entwicklung gab es immer wieder Präzisierungen der Aufgaben und Strukturen der GST, die ihre Wirkungen auf den maritimen Bereich nicht verfehlten." (H. Sieger 2005).
Sitz des Zentralvorstandes der GST wurde zunächst Halle und als ihr erster Leiter Oberst a. D. Arno Berthold (1908-1984) bestätigt, der der neuen Massenorganisation bis 1955 vorstand.
Bereits am 28. August 1952 beschloss der ZV der GST die erste Neuanschaffung maritimer Technik nach dem Erhalt der Materialien der FDJ-Interessengemeinschaften „Wassersport" – es war eine 100-qm-Jacht (Ketsch). Der Grundgedanke sowohl bei der FDJ als auch später bei der GST war: „... bei der Jugend das Interesse für die Seefahrt zu wecken und sie für den Beruf eines Seemannes vorzubereiten. Dabei wurde der Seemannsberuf von Anfang an in seiner Vielfalt bei der Marine, der Handelsschifffahrt, der Fischerei und der technischen Flotte verstanden. Dieser Grundgedanke hatte im Verlauf von 40 Jahren unterschiedliche Gewichtung erhalten ..." (H. Sieger 2005).
Demzufolge wurden noch im August 1952 alle Wasserfahrtsport- bzw. Seesportschulen der FDJ und das Segelschulschiff „Wilhelm Pieck" von der GST übernommen. Mit einem feierlichen Flaggenwechsel in Rostock erfolgte die Übernahme des Segelschulschiffes „Wilhelm Pieck" nach Bildung des ZV der GST durch die neu geschaffene Hauptabteilung „Seesport" am 1. September 1952. Nunmehr fuhr die „Wilhelm Pieck" unter der Flagge des neuen Reeders, der GST.
Einer Einladung des polnischen Jugendverbandes ZMP folgend, liefen Schiff und Besatzung nun unter der Flagge der GST am 15. September 1952 zu ihrer ersten großen Fahrt von Rostock nach Gdynia aus.
Neben Kapitän und Besatzung des Segelschulschiffes repräsentierten als offizielle Delegation der GST in der VR Polen: Manfred Tomuschat, Stellvertreter des Leiters des ZV der GST und Delegationsleiter; Fregattenkapitän d. R. Heinz Schreiber, Hauptabteilungsleiter des ZV der GST; Fregattenkapitän Walter Kühn, Hauptverwaltung (HV) der Seepolizei und Helmut Sieger, Sektorenleiter für Schulen und Schulschiffe in der Hauptabteilung „Seesport" des ZV der GST. Zugleich war das GST-Segelschulschiff der DDR offizieller Gast des polnischen Schifffahrtsministeriums.
Kapitän Weitendorf berichtete darüber in seinem autobiografischen Werk:
„Dann kam der Sommerkursus 1952, der uns die erste Auslandsreise brachte. Sie führte nach Polen. In 36stündiger Fahrt erreichten wir von Rostock kommend den Hafen Gdynia, aus dem vier polnische Schulschiffe zu unserer Begrüßung ausgelaufen waren. Am Kai spielte man die deutsche und polnische Nationalhymne, und der ganzen Besatzung wurde durch die Behörden von Gdynia ein solch festlicher Empfang zuteil, wie ihn niemand für möglich gehalten hatte. Es war für uns Deutsche mitunter beinah beschämend, denn wir standen ja an Orten, wo die Nazis ihren Terror gründlich ausgetobt hatten. Wir alle wurden damals von der polnischen Regierung zu einer Rundfahrt durch das Land eingeladen, wir sahen Warschau, Krakau und Nowa Huta und waren zutiefst beeindruckt von der Herzlichkeit des Empfanges und von den Leistungen des polnischen Aufbaues."

Die damalige Besatzung des Segelschulschiffes war die erste Delegation junger deutscher Seefahrer in die Volksrepublik Polen.
„Die WILHELM PIECK hat damit Geschichte in den deutsch-polnischen Beziehungen geschrieben. Eine andere als das deutsche Schulschiff SCHLESWIG-HOLSTEIN ...", dass am 31. August 1939 gegen 04.45 Uhr das Geschützfeuer auf die polnischen Befestigungen auf der Westerplatte eröffnete (H. Rickert 2009).
Nach dieser ersten Auslandsreise zeigte das Segelschulschiff der GST von 1952 bis 1957, dem Jahr seiner großen Schwarzmeerreise, die Flagge der DDR in den Ostseehäfen Gdynia, Szczecin (Stettin), Riga, Leningrad, Helsinki und Stockholm.
Der fünfte Lehrgang auf dem Segelschulschiff vom 2. Oktober bis 21. Dezember war der erste, der von der GST eröffnet, durchgeführt und abgeschlossen wurde. Er stellte an die Stammbesatzung und Segelschulschiffes besonders hohe Anforderungen, entstanden durch objektive Schwierigkeiten wie Auswechselungen von Stammpersonal, Krankheit bzw. Seeuntauglichkeit.
„Jeder wusste, dass die Ausbildungsfahrten im Herbst und herannahenden Winter mit den bekannten stürmischen Tagen stattfanden. Dadurch hatten es die 18 Schüler besonders schwer, in dem oft salzfeuchten Segelwerk und nassen Fußpferden hoch oben in den Rahen ihre Arbeit exakt auszuführen. Aber gerade die Bewältigung dieser Schwierigkeiten, der Selbstüberwindung in vielen Situationen, Standhaftigkeit, das Aufbringen großer Willensstärke, mit großer Hartnäckigkeit und Konsequenz das Ziel anzustreben, ein tüchtiger Seemann zu werden, hat diese Schüler geprägt. Dabei hat der Schüler und FDJ-Leitungsmitglied Ludwig Everding, Mitbegründer der FDJ 1946 in Bad Doberan, in der politisch-ideologischen Erziehungsarbeit der Schiffsleitung aktive Unterstützung geleistet ..." (H. Mutschler 1985).

HEIMATHAFEN GREIFSWALD – UNTER DER FLAGGE DER GST

Das Segelschulschiff „Wilhelm Pieck", Heimathafen Rostock, war bereits in der jungen DDR zwischen Ostseestrand und Thüringer Wald bekannt. Der Traum fast jeden jungen Mannes (und auch jungen Frau) war, auf ihm einmal zur See zu fahren.
„Doch es gab keinen festen Liegeplatz mit entsprechenden landseitigen Einrichtungen. Und die Piers sowohl im Stadthafen als auch am Alten Strom (in Warnemünde, L.M.) wurden dringend für den wachsenden Güterumschlag und für die Kutterflotte der Fischerei benötigt. Ein ständiger Stützpunkt für das Schiff musste geschaffen werden" (R. Rosentreter 2001). Das Projekt für die Errichtung einer zentralen Seesportschule mit Liegeplatz für das Segelschulschiff am Breitling in Rostock wurde wegen dem Bau des künftigen Überseehafens von der SED-Bezirksleitung Rostock abgelehnt.
Auf der Suche nach einem geeigneten Standort zur Konzentration der maritimen Ausbildungstechnik der GST an der Ostseeküste entschied sich die „Hauptabteilung Seesport" des Zentralvorstandes für den Hafen Greifswald-Wieck an der Ryckmündung mit seiner günstigen Lage am Greifswalder Bodden.
Bis Ende 1954 nahm dort der „Zentrale Seesportklub Greifswald-Wieck" seine Tätigkeit auf, der am 1. Juli 1954 in „Hochseejachtenstation der GST" umbenannt, zum Zentrum der maritimen Ausbildung der GST wurde.

Die Hochseejachtenstation, in der am 1. 7. 1954 der erste Lehrgang für Seesportler begann, nahm ihren Anfang in einer Baracke in der Nähe des Ausflugslokals „Utkiek". Diese Baracke, die heute nicht mehr existiert, war somit der Grundstein für die spätere Seesportschule bzw. Marineschule der GST, die am südlichen Ufer der Ryckmündung entstand.
Wie schon der Name andeutet, besaß die damalige Hochseejachtenstation in Greifswald-Wieck mehrere Jachten unterschiedlicher Bauart für die Seesportausbildung.
Folgende Segelfahrzeuge waren dort stationiert:
Der Seekreuzer „Ernst Thälmann", der später in „Ernst Schneller" umbenannt wurde. Diese Jacht war seinerzeit das größte Fahrzeug dieser Art an der Hochseejachtenstation. Des Weiteren fanden dort die Spreizgaffelketsch „Jonny Scheer", ex. „Nirwana", die Yawl „Max Reichpietsch", der Spitzgaffelkutter „Helgoland", ex. „Beowulf", der Seekreuzer „Albin Köbes", der Seekreuzer „Knechtsand", ex. „Beatrix" und der Seekreuzer „Hein Godenwind" ihren Liegeplatz. In den Jahren 1957 bzw. 1958 kamen zwei moderne Hochseejachten hinzu, die der 8-CR-Klasse entsprachen und die die Namen „Knechtsand" (II) und „Max Reichpietsch" (II) erhielten.
Ausbildungsgebiete waren der Greifswalder Bodden und die Gewässer rund um Rügen. Außerdem nahmen sie an Segelregatten und Seetörns nach Rostock und Gdansk teil. (Weitere Angaben zu den Jachten und anderen Greifswalder Schulschiffen und –booten in Tabelle im Anhang).
Das Segelschulschiff „Wilhelm Pieck", das vom 18. bis 22. August 1954 der Einladung zur 725-Jahrfeier der See- und Hafenstadt Wismar gefolgt war, verlegte anschließend seinen Liegeplatz vom Rostocker Stadthafen in seinen neuen Hafen Greifswald-Wieck an die Hochseejachtenstation der GST. Am Spiegelheck des Segelschulschiffes wurde nun der Heimathafen „Rostock" durch „Greifswald" als neuer Heimathafen ersetzt.
Anlässlich des 5. Jahrestages der DDR machte das stolze Schulschiff nach schwierigem Manöver im engen Fahrwasser des Rycks am 7. Oktober 1954 im Greifswalder Stadthafen fest, damit nun auch die Greifswalder „ihr" neues Schiff in „Besitz" nehmen konnten.
„Mit der Wilhelm Pieck und der Ernst Thälmann verfügte die GST über geeignete Fahrzeuge, um Ausbildungsfahrten auf der Ostsee und das benachbarte Ausland vorzunehmen, und der (neue) Hafenstützpunkt erwies sich ebenfalls als ideal" (H. Rickert 2009).
Im Verlauf des Prozesses der Erhöhung und Modernisierung der Ausbildungsbasis der Hochseejachtenstation durch Übernahme von Motorschulbooten (MSB) Mitte der fünfziger Jahre wurden die Jachten allmählich ausgesondert und anderen maritimen Ausbildungseinrichtungen der GST und Betrieben des Küstenbezirkes der DDR zur Verfügung gestellt.
Insbesondere das Jahr 1956 prägte als entscheidende Zäsur die weitere gesellschaftliche Entwicklung der DDR und somit auch die der GST:
Am 18. Januar 1956 verabschiedete die Volkskammer das „Gesetz über die Schaffung der Nationalen Volksarmee und des Ministeriums für Nationale Verteidigung" mit dem 1. März als Gründungstag der NVA.
Als Minister für Nationale Verteidigung wurde Generaloberst Willi Stoph (1914-1999), später Vorsitzender des Ministerrats der DDR, berufen; als Chef der Seestreitkräfte Konteradmiral Felix Scheffler (1915-1986).
„Die Gründung der NVA stellte höhere Ansprüche an die gesamte Wehrerziehung, weil die NVA gemäß einer Empfehlung des Politbüros der SED als Freiwilligenarmee aufgebaut

wurde“ (GST-Chronik 1988).
Für die GST und ihre Hochseejachtenstation ergab sich daraus die Aufgabe einer systematischen politischen und fachlichen Ausbildung von Jugendlichen für den Dienst in der NVA.
So wurde am 3. Juli 1956 durch das Sekretariat des ZV der GST die Einführung einer einheitlichen Seesportbekleidung für die GST beschlossen. Unter den neuen Aspekten in der Seesportausbildung wurde aber auch der traditionellen Segelsportausbildung in der GST weiter Rechnung getragen.
Im Rahmen der Entwicklung der Beziehungen zu den Ostseeländern regte der damalige 1. Sekretär des ZK der SED und spätere Staatsratsvorsitzende Walter Ulbricht (1893-1973) an, die Ostsee zu einem Meer des Friedens und der freundschaftlichen Zusammenarbeit zu machen.
Mit dieser Botschaft lief am 1. Mai 1956 das Segelschulschiff gemeinsam mit den Hochseejachten „Ernst Thälmann“ und „Jonny Scheer“ zur I. Ostseeländerfahrt aus. Die „Wilhelm Pieck“ fuhr mit dem Auftrag, die Einladung der FDJ zum „Jugendfestival der Ostseeländer“

in Rostock nach Gdansk, Leningrad, Helsinki und Stockholm zu überbringen. Diese Reise des Segelschulschiffes, die erstmalig in Häfen des kapitalistischen Auslandes führte, fand in schwedischen und finnischen Tageszeitungen größere Beachtung.
Im Juli des gleichen Jahres nahm das Segelschulschiff der GST an der „Woche des Meeres“ im polnischen Gdynia teil.
Bei der Ostseeregatta im Juli 1956 in Rostock erkämpften sich die Greifswalder Jachten „Max Reichpietsch“ (I), „Knechtsand“ (I) und „Hein Godenwind“ vorderste Plätze.
Den Höhepunkt im Organisationsleben der GST stellte der I. GST-Kongress dar, der vom

14. bis 16. September 1956 in Karl-Marx-Stadt stattfand. „Der Kongress orientierte die Mitglieder auf die allseitige Stärkung der DDR und die Erhöhung ihrer Verteidigungskraft. Er stellte als Grundaufgabe in den Mittelpunkt, den Aufbau und die Entwicklung der NVA aktiv zu unterstützen. Er beschloss, die gesamte Jugend der DDR für die Arbeit in der GST zu gewinnen, die sportliche und die technische Ausbildung zu verbessern und eng mit der patriotischen Erziehung zu verbinden" (GST-Zeittafel 1982). Zugleich wurde das neue Statut der GST beschlossen.

Anstelle des aus gesundheitlichen Gründen ausgeschiedenen ersten Vorsitzenden der GST, Oberst a. D. Arno Berthold (1908-1984), der der GST von 1952 bis 1955 vorstand, wurde Generalmajor a. D. Richard Staimer (1907-1982) zum Nachfolger gewählt. Er stand der GST von 1956 bis 1963 vor.

Ausgehend von den Beschlüssen des I. GST-Kongresses setzte an der Hochseejachtenstation der GST Greifswald-Wieck eine verstärkte technische Entwicklung ein.

Aus diesem Grund erhielt die Hochseejachtenstation am 10. Oktober 1956 von den Seestreitkräften zwei Motorschulboote, die auf die Namen „Patriot" und „Freundschaft" getauft wurden. Das Motorschulboot (MSB) „Patriot" war im Auftrag des Vorgängers der Seestreitkräfte, der damaligen Volkspolizei-See, 1951 auf der Peenewerft Wolgast als Flugsicherungsboot für Ausbildungszwecke erbaut worden.

Viele GST-Kameraden, die hier ihr schwimmendes Zuhause fanden, nannten es scherzhaft „KS-langsam". Dieses Schiff wurde 1960 außer Dienst gestellt und nach Stralsund geschleppt. Dort erfolgte unter der Regie der Pionierorganisation „Ernst Thälmann", Haus der „Jungen Pioniere" Stralsund, der Umbau zum Pionierschiff, das unter dem Namen „Klaus Störtebeker" am 1. Mai 1961 seiner neuen Bestimmung übergeben wurde. Es diente den Jungen Matrosen fünfzehn Jahre als schwimmende Ausbildungsbasis. 1977 wurde es abgewrackt.

Bei dem Schulboot „Freundschaft" (I) handelte es sich um ein ehemaliges Minensuchboot ähnlicher Abmessungen, das als Ausbildungsschiff aufgrund seines baulichen Zustandes bereits 1959 abgewrackt werden musste. Das Jahr 1956 bildete für die Stadt Greifswald und ihre GST-Hochseejachtenstation einen besonderen Höhepunkt: Die 500-Jahrfeier der Universität Greifswald (gegr. 1456). Anlässlich der Festwoche vom 13. bis 21. Oktober 1956 nahm das Segelschulschiff „Wilhelm Pieck" am 14. Oktober mit Gästen des akademischen Festaktes an Bord am Absegeln der Sportboote im Greifswalder Bodden teil, das zugleich den sportlichen Auftakt der 500-Jahrfeier bildete.

Die Kapazität von einem Segelschulschiff, zwei Motorschulbooten und sieben Jachten machte es 1956 notwendig, eine Zentrale Havariekommission für Seesport an der Hochseejachtenstation einzurichten, deren Gründung am 1. Januar 1957 erfolgte.

Im Verlauf des Jahres 1957 kam ein weiteres Ausbildungsfahrzeug hinzu, die auf der Bootswerft Greifswald erbaute 2-Schraubenbarkasse „Pionier" (I), die mit 12 Mann Besatzung fahren konnte und einen Aktionsradius von etwa 250 sm (= 463 km) erreichte. Im Verlauf des Jahres 1958 erfolgte die Übergabe an den Marineklub Rostock. „Die GST unterhielt für die Zulassung und Kontrolle der Schiffe und Boote eine eigene nautische Inspektion, die auf der Grundlage der Vorgaben des Seefahrtsamtes der DDR und der technischen Überwachungsorgane der Volksmarine handelte. Neben den Funkverbindungen der Schulschiffe zur Schule über die kommerziellen Seefunkstationen verfügte die Marineschule auch über ein internes Funknetz" (H. Sieger 2005).

ÜBER SIEBEN MEERE

Ein großes Ereignis in der Entwicklung des Seesports der GST und ihrer Hochseejachtenstation in Greifswald-Wieck war im Jahr 1957 die 99-tägige Freundschaftsreise des Segelschulschiffes zum Schwarzen Meer.
Das Schiff lief am 15. Mai 1957 mit 33 Besatzungsmitgliedern unter dem Kommando von Kapitän Arthur Friedrich vom Hafen Greifswald-Wieck aus, durchkreuzte die Ost- und Nordsee, den Atlantik, das Mittelmeer, durchfuhr die Dardanellen und den Bosporus und lief am 3. Juli 1957 im Bestimmungshafen Odessa am Schwarzen Meer ein.
Am 22. August des gleichen Jahres machte das Schiff im Heimathafen Greifswald-Wieck wieder seine Leinen fest. Kapitän Friedrich stand bei diesem Törn der erfahrene Seemann und Offizier der Handelsschifffahrt - Wilhelm Haase, später Hafenmeister in Greifswald-Wieck (1960-1967) - als II. Offizier zur Seite.
Zwischenhäfen dieser Reise waren Gibraltar (Spanien), Durres (Albanien), Varna (Rumänien) und Constanta (Bulgarien). Über 8000 Seemeilen hatte das Segelschulschiff auf dieser Reise zurückgelegt, um mit den Bruderorganisationen der GST in der UdSSR, in Bulgarien, Rumänien und Albanien Erfahrungen auszutauschen. Zweck und Ziel dieser großen Fahrt war es, „... geeignete Funktionäre zu qualifizieren, die als Instrukteure und verantwortliche Ausbilder und Erzieher das Rüstzeug haben, unsere Jugend fachlich und politisch zu erziehen" (H. Beyer 1957).
Das Segelschulschiff und seine Besatzung mussten sich dabei sowohl in den Stürmen der Biskaya als auch in der beinahe tropischen Hitze der Adria bewähren.
An Bord befand sich bei diesem großen Törn auch der Funkamateur Heinz Stiehm, der mit einer Amateurfunkstation unter dem Rufzeichen DM 5 MM auf allen Bändern arbeitete. Den lizenzierten Funkamateuren, die mit dem Segelschulschiff Verbindung aufnahmen, wurden entsprechende Diplome verliehen.
Über diese erlebnisreiche Seereise berichtete der Berliner Schriftsteller und Fahrtenteilnehmer Götz R. Richter in seinem Buch „Segel in Sonne und Sturm" Berlin 1958.
Diese Reise des Segelschulschiffes wurde in der DDR mit starkem Interesse verfolgt. Kapitän Friedrich war deshalb in den Monaten Januar und Februar 1958 zu Vorträgen in den Südbezirken und referierte unter anderem in Saalfeld, Riesa und Zittau.
Auch das Jahr 1958 war geprägt von nachhaltigen Ereignissen im Leben der Hochseejachtenstation. So besuchte am 6. Juni 1958 erstmalig der damalige Vorsitzende des ZV der GST, Generalmajor Richard Staimer, die Greifswalder maritime Ausbildungsstätte und verabschiedete am gleichen Tag das Segelschulschiff unter Kapitän Friedrich zu seiner II. Ostseeländerreise. Schiff und Besatzung hatten den Auftrag, die Einladungen der FDJ zur „Ostseefriedenswoche" in die Häfen Gdansk (Polen), Leningrad (UdSSR), Kotka und Helsinki (Finnland) zu überbringen.
Die „Ostseefriedenswoche" fand erstmalig vom 5. bis 12. Juli 1958 in Rostock statt.
Am 27. Juni 1958 wurde die Flottille der Hochseejachtenstation durch ein Schiff mit einer bewegten Vergangenheit verstärkt, das die Station vom Institut für Meereskunde Warnemünde übernahm. Dieses Schiff, das den Namen des Greifswalder Studenten „Friedrich Ludwig Jahn" erhielt, der später in die Geschichte als „Turnvater Jahn" einging, war 1951 auf der Greifswalder Buchholz-Werft als größtes Fischereifahrzeug der DDR gebaut worden. Das Fischkombinat Saßnitz stellte das Schiff 1952 als „Johann Sebastian Bach" in

Dienst. Nach dem Untergang dieses Schiffes im Herbst 1953 in der Nordsee wurde es gehoben und 1954 erneut als Fischereifahrzeug in Dienst gestellt.
1955 wurde es der Fischereigenossenschaft Warnemünde übergeben und lief anschließend als „Professor Henking" noch einige Zeit für das Institut für Meereskunde Warnemünde als Forschungsschiff. Dieser umgebaute 24-m-Fischkutter hatte neben seinem Dieselmotor von 200 PS durch ein Stützsegel von 54 qm auch Segelmöglichkeit.
Die „Friedrich Ludwig Jahn" wurde 1972 dem Bezirksausbildungszentrum der GST Rostock übergeben und lag längere Zeit im Stadthafen Rostock. (Im Frühjahr 1963 war der Autor Kursant an Bord dieses Schiffes, das Horst Fechner führte). Die „Friedrich Ludwig Jahn" kam 1972 zum Bezirksausbildungszentrum (BAZ) Rostock, lag als Ausbildungsschiff wie einst die „Wilhelm Pieck" im Rostocker Stadthafen am Silo und wurde 1977 abgewrackt. Die „F.L. Jahn" galt zugleich als erstes offizielles Taucherschiff, da auf ihr pro Lehrgang 8 bis 10 Taucher ausgebildet werden konnten. Die Tauchgänge erfolgten im Greifswalder Bodden. In den Jahren 1957 und 1958 schieden aus dem Schiffsbestand der Greifswalder Hochseejachtenstation folgende Boote aus:
Die Seekreuzer „Knechtsand" (I) und „Hein Godenwind". Der Erstgenannte kam zum GST-Kreisvorstand Wismar, der Zweite zum GST-KV Wolgast. Die Yawl „Max Reichpietsch" (I) ging an die Mathias-Thesen-Werft Wismar, der Spitzgaffelkutter „Helgoland" zum Marineklub Rostock und der Seekreuzer „Albin Köbis" zur Volkswerft Stralsund. Die sturmerprobte Spreizgaffelketsch „Jonny Scheer" musste aufgrund ihres baulichen Zustandes schon 1960 abgewrackt werden. Die beiden 8-CR-Jachten „Max Reichpietsch" (II) und „Knechtsand" (II) übernahm nach 1962 das Kreisausbildungszentrum Ückermünde.
Da sich die Hochseejachtenstation in ihrer Aufgabenstellung immer mehr der einer Schule näherte und die Ausbildung auf der Grundlage erster Programme verlief, wurde sie anlässlich des 83. Geburtstages von Wilhelm Pieck am 3. Januar 1959 in „Seesportschule der GST" umbenannt. Die neue Bezeichnung für die Greifswalder Hochseejachtenstation als zentrale Ausbildungsstätte des Seesports der DDR verkörperte zugleich eine neue Etappe in der vormilitärisch-maritimen Ausbildung und Erziehung der GST, die allein mit Hochseejachten nicht mehr zu erfüllen war.

NEUES SCHULGEBÄUDE – ERSTES FLAGGSCHIFF „SCHULBOOTE"

Mit dem Zuwachs an Ausbildungstechnik stiegen die allgemeinen Anforderungen. Die Kapazität der Greifswalder Hochseejachtenstation war außerdem zu diesem Zeitpunkt ausgeschöpft. „Nach gründlichen Recherchen, vor allem der geographischen Lage, der Nähe zur Universitätsstadt Greifswald und der geringeren Baukosten als in Rostock, wurde 1958 entschieden, in Greifswald-Wieck die neue Seesport- bzw. Marineschule der GST zu bauen" (H. Sieger 2005).
So wurde im April 1959 der Grundstein für das neue Objekt der Seesportschule am südlichen Ufer des Rycks nahe seiner Mündung gelegt. Der Bau erfolgte in drei Abschnitten und wurde im Jahre 1962 abgeschlossen. Der Vorläufer, die Baracke in der Nähe des „Utkiek" in Wieck, wurde seiner Bestimmung enthoben.
Zum neuen Objekt gehörten ein zweckmäßiges Unterkunfts- und Schulgebäude, eine Bootshalle mit den nötigen Werkstätten, eine größere, moderne Slipanlage und eine neue

Pier, die bis 1962 entstanden waren.
Bereits im Februar 1959 fand die erste ökonomische Konferenz an der Seesportschule statt, um zu beraten, welchen spezifischen Beitrag die Schule zur Lösung der ökonomischen Hauptaufgabe in der DDR erbringen konnte.
Die Delegierten des vom 12. bis 15. Mai 1959 in Rostock tagenden VI. Parlaments der FDJ empfingen das Segelschulschiff „Wilhelm Pieck" unter Kapitän Willi Kessler in Rostock und verabschiedeten das Schiff zu seiner III. Ostseeländerreise, die vom 15. Mai bis 18. Juni dauerte. Im Auftrag des Zentralrats der FDJ überbrachten Schiff und Besatzung die Einladungen zur II. „Ostsee-Friedenswoche" an die Jugend der UdSSR, Polens, Finnlands und Schwedens. Dabei wurden die Häfen Gdynia, Leningrad, Helsinki und Stockholm angelaufen.
Ein weiteres Beispiel für die neue Qualität in der Tätigkeit der Seesportschule war an der Wende der fünfziger zu den sechziger Jahren der Austausch veralteter Technik, wobei die Seestreitkräfte bzw. Volksmarine Hilfe und Unterstützung leisteten.
So übernahm die Seesportschule von den Seestreitkräften am 22. September 1959 das ehemalige Hilfsschiff „Fürstenberg", ex. „Quintus" als Schulschiff, das technisch gesehen ein 2-Schraubenschiff ohne Klassifizierung war. Es erhielt den Namen „Freundschaft" (II) und löste die alte „Freundschaft" (I) ab.
Gerade dieses Schiff hatte eine lange und bewegte Geschichte hinter sich. Es wurde oft, immer seinem jeweiligen Zweck entsprechend, umgebaut. Ende des 19. Jahrhunderts entstand es als dänisches Fischereihilfsschiff. Während des Zweiten Weltkrieges (1939-1945) wurde es von der Kriegsmarine annektiert und zum Minenleger umfunktioniert. Nach 1945 erhielt es die UdSSR im Rahmen der Reparationsleistungen. Sie übergab es jedoch der Volkspolizei See der DDR bei ihrer Gründung 1950. Das Schiff wurde 1951 erneut umgebaut, zuerst als Minenräumschiff, später als Schulboot für die Schulbootbrigade der VP-See. Anschließend übernahm es der Seehydrografische Dienst (SHD) der DDR, ehe es 1959 als Ausbildungsschiff an die Seesportschule kam. Die „Freundschaft" (II) wurde das erste Flaggschiff der „Abteilung Schulboote" der Greifswalder Seesportschule. Am 12. Dezember 1973 wurde es außer Dienst gestellt und von der GST-Marineschule an das „Haus der Jungen Pioniere" in Stralsund übergeben. Die Dokumente und das Ruderrad der „Freundschaft" (II) wurden dem Armeemuseum in Dresden als geschichtliche Zeugnisse übergeben.
Auf der am 2. Oktober 1959 stattfindenden 7. Tagung des ZV der GST und zugleich Festsitzung zu Ehren des 10. Geburtstages der DDR wurde festgestellt, dass die GST die ihr übertragenen Aufgaben für das Jahr 1959 bereits bis Oktober erfüllt hatte. Zugleich beschloss man die Aufnahme von Mädchen in die Seesportausbildung ab dem 2. Januar 1960.
Auf dem maritimen Gebiet gab es vier Ausbildungskomplexe: Seemännische Ausbildung, Taucherausbildung, Technische Ausbildung und Leistungssport.
Zu Ehren des 10. Jahrestages der DDR verpflichteten sich die Mitarbeiter der Schule im Rahmen der Wettbewerbsführung, 800 freiwillige Aufbaustunden beim Bau des neuen Schulobjektes zu leisten. Lehrgangsteilnehmer schlossen sich der freiwilligen Aufbauarbeit an.

SEGELREGATTEN UND EINE HAVARIE

Das Ende der fünfziger zu den sechziger Jahren waren auch für die verbliebenen Jachten der Greifswalder Seesportschule und ihre Besatzungen Höhepunkte in der sportlichen Ausbildung.

Bei der Ostseewoche 1958 und bei der Boddenregatta in Greifswald im gleichen Jahr belegte die „Knechtsand" (II) jeweils den 1. Platz in ihrer Klasse.

Im Jahre 1959 errang die gleiche Jacht bei der Greifswalder Boddenregatta wiederum den 1. Platz und bei der Segelregatta um den „Pommerschen Greif" (Pomorskiego Gryfa) in Swinemünde den 2. Platz in ihrer Klasse.

1960 errang die größte Jacht der Schule, die „Ernst Thälmann", die spätere „Ernst Schneller", bei der Regatta um den „Pommerschen Greif" in Swinoujscie (Swinemünde) als absolut schnellstes Boot der Regatta den 1. Platz, während die Jacht „Max Reichpietsch" (II) den 3. Platz in ihrer Klasse belegte.

Zur Ostseewoche 1960 holte sich die „Knechtsand" (II) vor Warnemünde den 2. Platz, und bei der „Woche des Meeres" in Gdynia erkämpfte sich die „Max Reichpietsch" (II) in ihrer Klasse den 3. Platz.

Bei der Ostseewoche 1961 erreichte die letztgenannte Jacht den 2. Platz. Im Segelwettkampf um den „Pommerschen Greif" im Jahre 1961 sicherte sich die „Knechtsand" (II) den 2. Platz und die „Max Reichpietsch" (II) den 4. Platz.

Der II. Kongress der GST, der vom 23. bis 26. Juni 1960 in Magdeburg stattfand, formulierte neue Forderungen an den Seesport und an seine zentrale Ausbildungsstätte in Greifswald-Wieck. Er beschloss, die Erziehung und Ausbildung „... so zu organisieren, dass jeder Seesportler nach Abschluss seiner Lehrausbildung nicht nur gut ausgebildet ist, sondern auch bereit ist, den Dienst bei den Seestreitkräften unserer Nationalen Volksarmee aufzunehmen".

In den Mittelpunkt rückte die seemännische Grundausbildung.

Im Jahr der sportlichen Höhepunkte 1960 kam es im Schiffsbestand der GST-Seesportschule jedoch zu einem größeren Vorkommnis:

Die Hochseejacht „Ernst Thälmann", die für die Ostseeregatta 1960 nominiert war, strandete am 4. Juli unter ihrem Kommandanten Wilfried Deertz vor Warnemünde. Um 22.00 Uhr versuchte die Jacht nur noch mit Klüver den Hafen Warnemünde zu erreichen, da nach Wegnahme des Großsegels das Schothorn des Sturmklüvers gebrochen war. Das herbeigerufene Lotsenboot versuchte mehrmals vergeblich, Schleppverbindung herzustellen. Es wurde Anker geworfen und 110 Meter Kette gesteckt. Der Anker hielt jedoch nicht, und die Jacht trieb östlich der neuen Einfahrt auf den Strand zu. Um 00.05 Uhr erfolgte die erste Grundberührung, nach weiteren vier gab der Kommandant gegen 00.30 Uhr den Befehl zum Verlassen der Jacht, schwimmend wurden die etwa 400 Meter zum Strand zurückgelegt.

Nach der fünften Grundberührung brach der Mast der Jacht etwa 10 Meter über Deck. Von der Seekammer der DDR wurde dem Kommandanten der Berechtigungsschein I für die Dauer eines Jahres entzogen. Die Seesportschule bekam die Auflage, vor Auslaufen ihrer Schiffe und Boote eine präzisere Überprüfung der Besatzungen und Ausbildungsfahrzeuge vorzunehmen (vgl. Poseidon, Nr. 2/1961).

Im Zusammenhang mit der neuen Aufgabenstellung der Seesportschule zu Anfang der sechziger Jahre, die vorrangig die Qualifizierung junger Ausbildungskader für die GST vorsah, wurde von 1958 bis 1963 ein Teil der Jachten ausgesondert, teilweise abgewrackt oder verschiedenen Kreis- oder Bezirksausbildungszentren des Seesports in der DDR übergeben, so dass später keine Jachten mehr an der Greifswalder Seesportschule stationiert waren.

Neben der traditionellen Ausbildung in den seemännischen Disziplinen fand in der Zeit vom 6. bis 18. Juni 1960 an der Seesportschule zum ersten Mal ein zentraler Taucherlehrgang statt, wobei Tauchsportler aus der gesamten DDR ihren Ostsee-Einsatz auf dem Schulschiff „F.L. Jahn" absolvierten. Zusätzlich stand für diese Spezialdisziplin ein um diese Zeit von der Seesportschule übernommenes robustes Holzboot in Klinkerbauweise mit Motor zur Verfügung, das den bezeichnenden Namen „Krake" erhielt.

Das Taucherboot „Krake" war vorher als Versetzboot zwischen Lauterbach auf Rügen und der Insel Vilm im Einsatz. Während seiner Zugehörigkeit zur Greifswalder GST-Seesportschule wurde es unter anderen vom damaligen Instrukteur für Tauchsport und späteren Kapitän mehrerer GST-Schulschiffe Bodo Strüwing in den Jahren von 1962 bis 1964 gefahren. Während dieser Zeit, vom 7. bis 18. September 1964, fand an der Seesportschule erstmalig ein Taucherlehrgang für junge Frauen statt.

Im Jahre 1967 in Greifswald außer Dienst gestellt, gelangte der „Krake" auf dem Landweg zu seinem neuen Bestimmungsort, den GST-Seesportklub Seeburg am Süßen See bei Eisleben.

Die Seesportschule Greifswald entwickelte sich in der Folgezeit zum Zentrum der Sporttaucherausbildung in der GST.

GST-SEESPORTSCHULE UND VOLKSMARINE

Die GST-Seesportschule Greifswald stand am Ende des Jahres 1960 noch ganz unter der Nachwirkung eines bedeutsamen politischen Ereignisses, das auf der Reede im Greifswalder Bodden und im Hafen Greifswald-Wieck auf Kampfschiffen der Seestreitkräfte vollzogen wurde.

Anlässlich des 42. Jahrestages des Aufstandes revolutionärer Matrosen in Kiel, der die Novemberrevolution in Deutschland 1918 eingeleitet hatte, verlieh der Minister für Nationale Verteidigung, Generaloberst Heinz Hoffmann (1919-1986), auf Beschluss des Nationalen Verteidigungsrates DDR am 4. November 1960 den Seestreitkräften der NVA den neuen Namen „Volksmarine". Das militärische Zeremoniell ging mit einer großen Flottenparade, befehligt von Konteradmiral Wilhelm Ehm (1918-2009), nunmehr Chef der Volksmarine, im Greifswalder Bodden einher.

Um ihrer Aufgabenstellung, qualifizierte Nachwuchskader für die Volksmarine auszubilden, wurden Ende November 1960 von der Volksmarine der GST-Seesportschule zwei neue Schulboote übergeben, die die Namen „Pionier" (II) und „Partisan" erhielten. Auf diesen ehemaligen Küstenschutzbooten (KSB) konnten jährlich 240 GST-Seesportler in vier Laufbahnen ausgebildet werden. Beim Flaggenwechsel unterzeichneten der Vertreter der Volksmarine und der Chef der 1. Flottille Peenemünde, Fregattenkapitän Wilhelm Elmenhorst und der damalige Leiter der Seesportschule, Korvettenkapitän d. R. Helmut Sieger, den Vertrag. Dieser leitete eine enge Zusammenarbeit zwischen Volksmarine und GST-

Seesportschule ein.
Die „Pionier“ (II) kam nach seiner Ausmusterung 1973 zum KAZ Stralsund, die „Partisan“ bereits 1967 zum KAZ Wismar. Das letztgenannte Motorschulboot war von 1969 bis 1974 beim BAZ Potsdam eingesetzt und wurde danach in Brandenburg verschrottet.
Der maritime Autor, Fregattenkapitän a. D. Dr. Robert Rosentreter, erwähnt in seinem Buch „Schonerbrigg GREIF…“, das anlässlich des 50. Jahrestages der Indienststellung des Greifswalder Segelschulschiffes „Greif“ ex „Wilhelm Pieck“ 2001 in Rostock erschien, ein Motorschulboot (MSB) „Ernst Schneller“ analog der KS-Boote „Pionier“ und „Partisan“, das in jener Zeit zum Schiffsbestand der Greifswalder GST-Seesportschule gehörte. Recherchen ergaben diesbezüglich keine Anhaltspunkte. Nur die große Hochseejacht der GST-Seesportschule, der Seekreuzer „Ernst Thälmann“, führte später den Namen „Ernst Schneller“.
Die Winter- und Frühjahrsmonate 1961 waren durch eine rege Bautätigkeit am neuen Objekt der Seesportschule gekennzeichnet.
Am 1. März 1961, dem 5. Jahrestag der Nationalen Volksarmee, fand an der Greifswalder Seesportschule ein feierlicher Appell statt, bei dem der Chef der Volksmarine, Konteradmiral Wilhelm Ehm, die bisherige Ausbildungs- und Erziehungsarbeit würdigte und dem Kollektiv der Schule die „Verdienstmedaille der Nationalen Volksarmee“ in Bronze mit Urkunde überreichte.
In seiner Ansprache betonte Wilhelm Ehm unter anderem:
„In harter und zäher Ausbildungs- und Erziehungsarbeit hat Ihre Seesportschule in den vergangenen Jahren Hervorragendes geleistet und ist heute zu einem weithin bekannten und anerkannten Zentrum der Ausbildung in den Seesportdisziplinen geworden ... Damit schaffen Sie für die Arbeit ... (der) Grundorganisationen in den Kreisen und Betrieben wichtige Voraussetzungen und geben der seemännischen Ausbildung und dem Seesport in der ganzen DDR Impulse …“
Der 30. April dieses Jahres bildete einen internen Höhepunkt im Leben der GST-Seeportschule:
Nach Abschluss der Baumaßnahmen erfolgte die Übergabe des neuen Schulgebäudes. Die Greifswalder maritime Ausbildungsstätte präsentierte sich in neuen Dimensionen, und der Ortsteil Wieck und sein Hafen erhielten damit ein weiteres weithin sichtbares Wahrzeichen.
„Die Ausbilder und Funktionäre der Seesportschule … waren sich der großen Verantwortung bewusst, dieses neue Objekt für die Lösung der gestellten Aufgaben zu nutzen und junge Kader für die Ausbildung in der Gesellschaft für Sport und Technik zu qualifizieren bzw. direkt auf ihren Ehrendienst in der NVA vorzubereiten. Diese Aufgabe wurde realisiert …“ (W. Ehrlich 1974).
In Vorbereitung auf den 10. Jahrestag seiner Indienststellung befand sich das Segelschulschiff "Wilhelm Pieck“ in der Zeit vom 31. Mai bis 27. Juni 1961 auf seiner IV. Ostseeländerreise und lief dabei sowjetische und polnische Hafenstädte an, zur Vertiefung der freundschaftlichen Beziehungen zu den Bruderorganisationen der GST in der Sowjetunion, DOSAAF, und in der VR Polen, LOK (Liga Obrony Kraju). Am 2. August 1961 wurde an der Seesportschule Greifswald-Wieck feierlich der 10. Jahrestag der Indienststellung des Segelschulschiffes „Wilhelm Pieck“ begangen. Bei den Feierlichkeiten waren auch der Sohn des 1960 verstorbenen Präsidenten der DDR, Artur Pieck (1899-1970) und weitere Persönlichkeiten, so Konteradmiral Felix Scheffler, der GST-Vorsitzende Richard Staimer und Alt-

kapitän Ernst Weitendorf, Ehrengäste.
Bis zu diesem Zeitpunkt hatte das Segelschulschiff unter der Flagge der GST etwa 40.250 Seemeilen zurückgelegt, und etwa 900 junge Menschen waren auf seinen Planken ausgebildet worden.
In den sechziger Jahren entstanden an der Seesportschule der GST die Voraussetzungen für zielgerichtete und differenzierte Vorbereitungslehrgänge für die Volksmarine „und darüber hinaus für die Qualifizierung und Heranbildung von Ausbildern in allen Disziplinen des Seesports" (H. Beyer 1961). Die Seesportausbildung als eine Spezialsportart in der GST umfasste alle maritimen Zweige der Schifffahrt und gliederte sich in die Disziplinen: Seemännische Ausbildung, Technische Ausbildung und Tauchsport.
Wie wichtig die Seesportausbildung als Grundstein für die Volksmarine angesehen wurde, würdigte bereits 1961 anlässlich des 6. Gründungstages der Nationalen Volksarmee der damalige Stabschef der Volksmarine und später kurzzeitig Chef der Volksmarine der DDR, Konteradmiral Heinz Neukirchen (1915-1986):
„An der erfolgreichen Lösung der der Volksmarine gestellten Aufgaben haben die Funktionäre und Seesportler der GST einen bedeutenden Anteil. Auf den Schiffen und Booten der Volksmarine versehen viele junge Menschen ... aus den Reihen des Seesports der GST ... verantwortungsbewusst und vorbildlich ihren Dienst". (Heinz Neukirchen wurde nach seinem Ausscheiden aus der Volksmarine von 1964 bis 1976 Präsident der Direktion Seeverkehrs- und Hafenwirtschaft (DSH) Rostock und ein anerkannter Sachbuchautor maritimer Literatur).
Um den höheren Anforderungen in der Ausbildung gerecht zu werden, konzentrierte sich die Seesportschule Greifswald-Wieck neben der Vermittlung von Kenntnissen stärker auf eine vielseitige praxisbezogene Ausbildung an Bord der Schulschiffe und -boote und im seeseitigen Einsatz. Aber auch die Nachrichtenübermittlung unter maritimen Bedingungen wurde vermittelt.
So wurde an der GST-Seesportschule am 9. Februar 1962 die neue Ausbildungsdisziplin „Seefunk" aufgenommen und als verantwortlicher Lehrgangsleiter Karl-Friedrich Rausch eingesetzt.
Als das Segelschulschiff am 8. Juni 1962 zu seiner VIII. Ostseereise die Anker lichtete, um Leningrad, Riga, Tallinn und Gdynia anzulaufen, befanden sich an Bord Jugendliche, die sich als Soldat auf Zeit bei der Volksmarine verpflichtet hatten oder als Ausbilder im Seesport vorgesehen waren. Vor Auslaufen der „Wilhelm Pieck" war zwischen der Flottenschule Parow (Stralsund) der Volksmarine und der Seesportschule der GST Greifswald-Wieck ein Vertrag unterzeichnet worden, der Hilfe und Unterstützung bei der Ausbildung künftiger Matrosen der Volksmarine beinhaltete.
Die Bedeutung und Wertschätzung der Seesportschule innerhalb der GST wird dadurch deutlich, dass hier in der Zeit vom 4. bis 5. Juni 1963 die 9. Tagung des Zentralvorstandes der GST unter Leitung des neuen Vorsitzenden, Generalmajor a. D. Kurt Lohberger (1914-2008), stattfand, der der GST von 1963 bis 1968 vorstand. Die Tagungsteilnehmer legten dar, „... dass die GST mit ihrer Erziehungs- und Ausbildungsarbeit zur Mobilisierung aller Kräfte für den umfassenden Aufbau des Sozialismus beiträgt ..." und das ihre wichtigste Aufgabe darin besteht, „... bei der Jugend ... Verteidigungsbereitschaft zu fördern, ihr vormilitärische und technische Kenntnisse und Fähigkeiten zu vermitteln sowie zu ihrer körperlichen Ertüchtigung beizutragen" (GST-Chronik 1987).

Im Herbst 1963 kam ein weiteres Motorschulboot, das ehemalige Zollboot „ZB-24" hinzu, das den traditionellen Namen „Patriot" (II) erhielt. An Bord konnten je Lehrgang 14 Schüler ausgebildet werden. Sein Aktionsradius betrug 350 sm (648 km).
War das Segelschulschiff „Wilhelm Pieck" bisher das einzige Schiff der Schule, das Ausbildungsfahrten in die befreundeten Ostseeanliegerstaaten unternahm, wurden seit dem Jahre 1964 auch die Greifswalder Motorausbildungsfahrzeuge für Auslandsreisen in die VR Polen und in die UdSSR vorgesehen. Aufgrund der sich immer stärker entwickelnden freundschaftlichen Beziehungen zwischen der GST und ihren Bruderorganisationen in den sozialistischen Ländern statteten unter anderem die beiden polnischen Schoner „Janek Krasicki" und „General Zaruski" der Seesportschule Jastarnia bei Gdynia, die mit 360 qm bzw. 309 qm Segelfläche etwas kleiner als die „Wilhelm Pieck" waren, am Tag der Republik (7. Oktober) 1966 Greifswald einen Freundschaftsbesuch ab.
Polnische Gäste wurden in den Jahren 1955 und 1956 und damit zum dritten Mal an der Greifswalder Seesportschule begrüßt.
Am 22. Oktober dieses Jahres war die Seesportschule Gastgeber und Tagungsort der „Zentralen Seesportkonferenz 1966". In Anwesenheit von Vertretern des Sekretariats des Zentralvorstandes der GST erhielten die haupt- und ehrenamtlichen Funktionäre das theoretische Rüstzeug für das Ausbildungsjahr 1967 vermittelt.
Für die praxisnahe Ausbildung im Seesport war von Bedeutung, dass ein neuentwickelter Ruder- und Segelkutter ZK-10, Typ 2104, erfolgreich erprobt und für die Produktion und Ausbildung freigegeben, in der Folgezeit auch Einzug an der GST-Seesportschule hielt.

NAMENSGEBUNG FÜR DIE SEESPORTSCHULE

Die gemeinsame Aufgabenstellung der FDJ und der GST und ihrer zentralen Seesportschule beinhaltete neben der staatsbürgerlichen Erziehung der Jugend der DDR auch die Traditionspflege. Deshalb erhielt die Seesportschule Greifswald-Wieck anlässlich des 15. Jahrestages der GST am 15. August 1967 den Namen des „roten" Matrosen August Lütgens (1897-1933) verliehen. Die feierliche Namensverleihung nahm der amtierende Vorsitzende des GST-Zentralvorstandes, Arthur Dorf, vor.
Die deutschen Faschisten versuchten nach ihrer Machtübernahme 1933, August Lütgens und seinen Namen auszulöschen. Über diesen deutschen Arbeiter- und Gewerkschaftsfunktionär ist leider bis heute nicht allzu viel bekannt:
August Lütgens wurde 1897 in Lübeck geboren und fuhr nach seiner Schulzeit auf verschiedenen deutschen, englischen und dänischen Handelsschiffen als Schiffsjunge. Während der Zeit des 1. Weltkrieges wurde er zur kaiserlichen deutschen Kriegsmarine einberufen. Da er in der Flotte Antikriegspropaganda betrieb, wurde er als Kriegsgegner mehrfach inhaftiert. Nach dem Ende des 1. Weltkrieges war der „rote Matrose" während der Novemberrevolution 1918 in Deutschland führend an den revolutionären Kämpfen in Wilhelmshaven beteiligt. Dafür wurde er nach der Niederschlagung der Novemberrevolution zu zwölf Jahren Zuchthaus verurteilt und nach Bremen überführt. Dort konnte er mithilfe Gleichgesinnter fliehen und Deutschland verlassen. 1920 kehrte August Lütgens nach Deutschland zurück. Während der Zeit der bürgerlichen Weimarer Republik wurden ihm leitende Funktionen in der Seeleute-Gewerkschaft in Hamburg-Altona übertragen,

außerdem führte er dort den Roten Frontkämpferbund (RFB). Während eines Überfalls von SA-Angehörigen auf das Altonaer Arbeiterviertel am 17. März 1932, wobei 16 Arbeiter ermordet wurden, verhaftete man ihn erneut. Aus dem Gefängnis entlassen, prangerte er leidenschaftlich die Verbrechen der Nazis an und warnte vor der sich anbahnenden faschistischen Gefahr in Deutschland. Nach der Errichtung der faschistischen Diktatur gehörte August Lütgens mit zu den ersten deutschen Antifaschisten, die zum Tode verurteilt wurden. Am 1. August 1933 ließ die faschistische Justiz die ersten vier Todesurteile an den deutschen Kommunisten Walter Möller, Bruno Tesch, Karl Wolff und August Lütgens vollstrecken. Die letzten Worte des roten Matrosen August Lütgens, der mit dem Handbeil enthauptet wurde, waren:
„Ich sterbe für die proletarische Revolution! Rot Front!" Sein letzter Brief, datiert Altona, den 31. Juli 1933, den er einen Tag vor seiner Hinrichtung schrieb, ist erhalten geblieben. In ihm heißt es:
„Liebe Kinder! Wenn Ihr diesen Brief erhaltet, ist Euer Papa nicht mehr, dann wurde er erledigt, laut Urteil; also, wir sollten uns nicht mehr sehen, aber wenn Ihr größer seid, dann werdet Ihr begreifen, was Euer Papa war, warum er kämpfte und starb, auch werdet Ihr begreifen, warum Euer Papa so und nicht anders handeln konnte; nun lebt wohl und werdet Kämpfer. Es grüßt Euch Euer Papa." (OZ/15.8.1967).
Ihm zu Ehren wurde auf dem Gelände der Seesportschule zwischen Schulgebäude und Werkstätten ein Gedenkstein errichtet, der am 26. Juni 1970 feierlich eingeweiht wurde. Für den Gedenkstein schuf der bekannte Greifswalder Maler und Grafiker Helmut Maletzke (geb. 1920) ein ansprechendes Metallrelief dieses Matrosen und Antifaschisten. Der Gedenkstein wurde kurz nach der Wende abgebrochen, und auch das künstlerisch wertvolle Metallbild ist seit dieser Zeit verschwunden.
„Wegen der Namensähnlichkeit mit Lütjens kam es übrigens bei Uneingeweihten, die nur den mit dem Schlachtschiff „Bismarck" untergegangenen Hitleradmiral (Günter Lütjens, 1889-1941, L.M.) oder den gleichnamigen Zerstörer der Bundesmarine kannten, manchmal zu Verwechslungen und erstaunten Fragen" (R. Rosentreter 2001).

DAS GRÖSSTE GREIFSWALDER MOTORSCHULSCHIFF

Das Jahr des IV. Kongresses der GST, der vom 12. 9. bis 14.9. 1968 in Berlin stattfand, leitete auch einen neuen Abschnitt in der Entwicklung der Seesportschule „August Lütgens" ein. Der Kongress hatte die Aufgaben der GST bei der Landesverteidigung der DDR festgelegt und neue Maßstäbe für die vormilitärische Erziehung und Ausbildung in allen Bereichen der GST gesetzt. Die GST-Seesportschule orientierte sich dabei vornehmlich auf eine zielgerichtete, den Anforderungen der Volksmarine entsprechende, jugendgemäße vormilitärisch-maritime Laufbahnausbildung. Diese wiederum untergliederte sich in die einzelnen Speziallaufbahnen: Seemannschaft/allgemein, Seemannschaft/Navigation, Seemannschaft/Seefunk und Seemannschaft/Maschine.
Aufgrund der erhöhten Anforderungen in der Ausbildung und ihrer Technik an der Schule Ende der sechziger Jahre wurden die älteren Schulboote „Partisan" und „Pionier" aus dem seeseitigen Einsatz ausgesondert und 1968 an Bezirksausbildungszentren (BAZ) der DDR übergeben.

Ein weiterer Höhepunkt im Leben der Schule war der 15. Dezember 1968. An diesem Tage wurde vom Chef der Volksmarine, Vizeadmiral Wilhelm Ehm, im Beisein des Vorsitzenden des Zentralvorstandes der GST, Generalmajor Günther Teller (1925-1982), der der GST von 1968 bis 1982 vorstand, sowie tausend Junger Pioniere, FDJler und Kameraden der GST der GST-Marineschule ein Schulschiff übergeben.
Die Tochter Ernst Thälmanns (1886-1944), Irma Gabel-Thälmann, taufte das Schiff auf den Namen des populären deutschen Arbeiterführers. Das neue Motorschulschiff (MSS) „Ernst Thälmann" war ein ehemaliges Minenleg- und Räumschiff (MLR) vom Typ „Habicht" und Rettungsschiff der Volksmarine. Es war zu diesem Zeitpunkt das größte und modernste Schiff der Schule und darüber hinaus neben dem Segelschulschiff das zweite Schiff für größere Fahrten. Der Aktionsradius des Schiffes betrug etwa 1500 Seemeilen (= 2778 km). Auf diesem Schiff, dessen Stammbesatzung 18 Mann betrug, erhielten jeweils 50 Lehrgangsteilnehmer ihre Ausbildung. Der erste Kapitän dieses Schiffes, Korvettenkapitän d. R. Hans Wild, betonte beim feierliche Flaggenwechsel: „Wir haben zwei Hauptaufgaben zu erfüllen. Wir wollen den Jungen die ersten seemännischen Kenntnisse vermitteln, ihnen einen ersten Eindruck von militärischer Disziplin und Einsatzbereitschaft geben, wir wollen ihnen helfen, dass sie sich als bewusste Staatsbürger bewähren können. Wer zu uns kommt, muss schon einiges mitbringen, gute körperliche Eigenschaften sind nur die eine Sache, gute schulische und gesellschaftliche Leistungen die andere." (JW v. 18.12.1968).
Nach neunjähriger Dienstzeit wurde im Frühjahr 1977 dieses größte und langjährige Flaggschiff der GST-Marineschule aus ökonomischen Gründen ausgemustert und der Verschrottung zugeführt.
Mit der Namensverleihung „August Lütgens" am 15. August 1967 und der Übernahme der „Ernst Thälmann" am 15. Dezember 1968 begann ein neuer Abschnitt in der Entwicklung der GST-Seesportschule. Aufgrund des gewachsenen Schiffbestandes und der erhöhten Ausbildungskapazität wurde die GST-Seesportschule „August Lütgens" am 1. Januar 1969 in GST-Marineschule „August Lütgens" umbenannt.

VORMILITÄRISCH-MARITIME AUSBILDUNG FÜR SEELEUTE

Besonders das Segelschulschiff „Wilhelm Pieck" hatte auf der Grundlage des damals zwischen der Betriebsberufsschule des VEB Deutsche Seereederei Rostock und der GST-Marineschule abgeschlossenen Freundschaftsvertrages einen hervorragenden Anteil an den wehrpolitischen Aktivitäten der Jugendlichen in der Flotte und in den Landbereichen dieses seefahrenden Betriebes.
Die enge Zusammenarbeit zwischen der FDJ des VEB Deutsche Seereederei und der Greifswalder Marineschule resultierte wiederum aus der im 20. Jahr des Bestehens der DDR 1969 von der FDJ und der GST gemeinsam geführten wehrpolitischen Massenaktion „Signal DDR 20".
Zwischen Rostock, dem Polarkreis und dem Äquator wetteiferten die jungen Fahrensleute und Reservisten aller Handelsschiffe der DDR um die besten wehrpolitischen und wehrsportlichen Ergebnisse, die in den vielfältigsten Initiativen ihren Niederschlag fanden. In diesem Zusammenhang konnten damals auch die ersten Kameraden der GST der Betriebsberufsschule des VEB Deutsche Seereederei Rostock 1969 einen Qualifizierungslehrgang

an der GST-Marineschule besuchen und mit Erfolg beenden.
Seitdem waren Qualifizierungs- und Vorbereitungslehrgänge für den Dienst in der Volksmarine für die Jugendlichen der Seeverkehrswirtschaft der DDR Bestandteil der Ausbildungsprogramme der Greifswalder GST-Marineschule.
„Viele, die zu Beginn der fünfziger Jahre unter Kapitän Weitendorfs Kommando die Segel setzten und manchen Sturm ... trotzten, zählten nach ihrer Ausbildung ... zum Stammpersonal der sozialistischen Handelsflotte. Was sie an seemännischen Können auf den Planken des Segelschulschiffes ... und der Ausbildungsschiffe erworben hatten, vertieften manche von ihnen auf der traditionsreichen Seefahrtsschule in Wustrow und an der Fachschule für Schiffstechnik Warnemünde" (P. Gerds/W.-D. Gehrke 1977).
Beide maritimen Lehrstätten wurden im Jahre 1969 zur Ingenieurhochschule für Seefahrt Warnemünde/Wustrow zusammengelegt.
Zum Höhepunkt in der Entwicklung der Greifswalder Marineschule gestaltete sich im Jahre 1971 zweifelsohne der 20. Jahrestag der Indienststellung des Segelschulschiffes „Wilhelm Pieck". Bereits die vom 16. bis 18. Juli 1971 in Greifswald stattfindende Briefmarkenausstellung des Bezirkes Rostock „III. Ostseeschau" trug diesem Ereignis Rechnung und gab Ersttagsbriefe und –karten zum bevorstehenden Jubiläum des Segelschulschiffes heraus.
Am 2. August 1971 machte das Segelschulschiff zu „seiner" Festveranstaltung im Jachthafen Warnemünde fest. Ein großer Appell fand dazu statt, wobei der GST-Vorsitzende, Generalleutnant Günter Teller, die Festrede hielt. Auf einer der vielen Veranstaltungen sprach der damals 88jährige erste Kapitän des Segelschulschiffes, Ernst Weitendorf, den symbolhaften Satz:
„Ich freue mich, dass die Saat, die wir damals gesät haben, so gut aufgegangen ist".
Im Auftrag der Tochter Wilhelm Piecks, Elly Winter, übergab Manfred Tomuschat – er hatte als Sekretär des FDJ-Zentralrates 1951 maßgeblichen Anteil am Aufbau des Seesports und der GST – der Besatzung des Segelschulschiffes Geschenke, die Wilhelm Pieck anlässlich seines 80. Geburtstages erhalten hatte:
Ein Ruderrad mit der Inschrift „Hochseejachtenstation der GST" und ein Buddelschiff.
Die Grüße und Glückwünsche der Jugendlichen der Direktion Seeverkehr und Hafenwirtschaft Rostock überbrachten damals Erich Kuhfeld, Abteilungsleiter der FDJ-DSH und der Verfasser, Sektorenleiter der FDJ-DSR. Sie übergaben der Stammbesatzung eine Bordbibliothek.
Zu ihrem Ehrentag konnte die Stammcrew der „Wilhelm Pieck" unter Kapitän Karlheinz Schaefer eine beachtliche Bilanz aufweisen:
Mehr als 61.000 Seemeilen (112.972 km) waren bewältigt und 14 europäische Hafenstädte angelaufen worden. Über 2.500 Kursanten erhielten eine entsprechende Ausbildung, darunter 163 Offiziersbewerber, 940 Unteroffiziersbewerber und Matrosenspezialisten für die Volksmarine sowie 115 Lehrgangsteilnehmer für ihre Tätigkeit bei der Handelsflotte der DDR.
Während der Zeit ihres 35jährigen Bestehens beruhte die Ausbildung an der Greifswalder GST-Seesport- bzw. Marineschule auf dem Grundkonzept einer effektiven Verbindung zwischen theoretischen Unterricht und praktischer Bordausbildung. In der Erziehung und Persönlichkeitsentwicklung wurde u. a. auf den Erkenntnissen des deutschen Pädagogen Adolph Diesterweg (1790-1866) aufgebaut. Die Ausbildung war in drei Hauptrichtungen ausgerichtet. Erstens: Da die Seestreitkräfte bzw. spätere Volksmarine und die zivile Schiff-

fahrt der DDR Schiffsoffiziere und Besatzungen benötigten, erfolgten vorab in Greifswald entsprechende GST-Lehrgänge seemännischer und schiffstechnischer Spezifik auf dem Segelschulschiff und den Motorschulschiffen. Mit dieser seemännischen und schiffstechnischen Vorausbildung für junge Leute, insbesondere Lehrlinge mit Berufsausbildung (Berufsschüler) und Abitur bzw. Abiturienten der Erweiterten Oberschule (EOS) sowie Lehrlinge der Betriebsschule Flotte des VEB Deutsche Seereederei, erwarben sie nicht nur solide Kenntnisse und Motivation für den Seemannsberuf, sondern entsprechend ihrer beruflichen bzw. schulischen Vorbildung und persönlicher Interessen somit das Fundament für eine mögliche künftige Verwendung in der Volksmarine und Handelsschifffahrt. Zweitens: Die Seesport-und Tauchsportzentren (Vereine) und die maritimen Ausbildungszentren der GST auf Kreis-und Bezirksebene der DDR, die Kreisausbildungs- und Bezirksausbildungszentren (KAZ, BAZ), benötigten ehrenamtliche Ausbilder, Übungsleiter, Tauchlehrer, Bootsführer für Binnenwasserstraßen, Seewasserstraßen und Seestraßen sowie Techniker und Wettkampfrichter. Auch ihnen war die Möglichkeiten gegeben, sich an der Greifswalder GST-Marineschule aus- und weiterzubilden, so auch der Verfasser, der in den Jahren 1963 und 1964 je einen mehrwöchigen Lehrgang zum Erwerb der Befähigungsnachweise / "seemännisch C" und „Seefunk A" an der Greifswalder GST-Seesportschule erfolgreich absolvierte. Drittens: Auch das hauptamtliche maritime Stammpersonal der GST erhielt an der Greifswalder Marineschule in Form von Lehrgängen, Schulungen, Erfahrungsaustauschen, methodischen Konferenzen, Lehrvorführungen und Navigationsbelehrungsfahrten u.a. seine fachliche und pädagogische Ausbildung. Des Weiteren fanden Aus-und Weiterbildungslehrgänge im Auftrag des Seefahrtsamtes der DDR statt. Alle Angehörigen der Stammbesatzungen der Schulschiffe im seemännisch-nautischen und schiffsmaschinentechnischen Bereich waren im Besitz der entsprechend der Schiffsbesetzungsordnung geforderten Berechtigungen und Patente. Das Leitungspersonal der Schule und die Fachlehrer verfügten über einen Hoch- oder Fachschulabschluss. Es gab in dieser Hinsicht enge Verbindungen zum Seefahrtsamt der DDR, den Lehreinrichtungen der Volksmarine, der Betriebsschule Flotte des VEB Deutsche Seereederei Rostock, verschiedenen pädagogischen Einrichtungen sowie der Ernst-Moritz-Arndt-Universität Greifswald (vgl. H. Sieger 2005).

WERFTLIEGEZEITEN

Eine effektive Ausbildung setzte natürlich eine gut funktionierende materiell-technische Basis voraus. So mussten sich auch die Schiffe und Boote der GST-Marineschule ebenso wie die Schiffe anderer seefahrender Betriebe in gewissen Abständen Werftliegezeiten für Überholungsarbeiten, Reparaturen und Modernisierungen unterziehen. Dafür gab es an der GST-Marineschule seit 1960 den Bereich „Technik", dessen Leiter zugleich als stellvertretender Schulleiter fungierte. Ihm oblagen unter anderem alle entsprechenden Planungs- und Koordinierungsaufgaben mit den Werftbetrieben.

In den Wintermonaten 1971/72 hatte das Segelschulschiff unter Kapitän Schaefer seine erste größere Werftliegezeit in der Rostocker Neptunwerft. Bei der Generalüberholung bekam das Schiff neue Decksaufbauten aus Metall und eine neue Takelage. War die Reparatur des Segelschulschiffes während der Werftliegezeit im Winter 1967/68 zum Jugendobjekt der Werftjugend erklärt worden, leisteten nunmehr besonders die Lehrlinge der Betriebs-

schule Flotte des VEB Deutsche Seereederei Rostock (DSR) sogenannte „sozialistische Hilfe". Durch die gemeinsamen Aktivitäten der Werftarbeiter, der DSR-Lehrlinge und der Stammbesatzung konnte das Segelschiff termingerecht im Mai 1972 im neuen Gewand wieder im Heimathafen Greifswald-Wieck festmachen.
Während der Werftliegezeit des größten Greifswalder Schulschiffes, des MSS „Ernst Thälmann", im Winter 1971/72 in der Peenewerft Wolgast, übernahm deren FDJ-Grundorganisation die Schiffsreparatur als Jugendobjekt. Die vertragliche Festlegung vom 27. Januar 1972 beinhaltete, das Greifswalder Schulschiff bis zum 30. Mai dieses Jahres fertigzustellen. „Im Rahmen dieser Vereinbarungen wurden Maßnahmen festgelegt, um alle Reserven des Arbeitsablaufes zu erschließen. Die Zusammenarbeit wird sich auch auf das politisch-kulturelle und wehrerzieherische Gebiet erstrecken ... Der Höhepunkt der Zusammenarbeit ist zweifellos nach Abschluss aller Arbeiten eine zweitägige Schiffsreise mit dem MSS `Ernst Thälmann` für die besten Jugendlichen des Reparaturbereiches".
Während eines Meetings zu Ehren des 86. Geburtstages Ernst Thälmanns am 14. April 1972, das die Stammbesatzung mit 25 Jugendfreunden und Kollegen des Reparaturbereiches gestaltete, verabschiedeten die Teilnehmer ein Grußschreiben an die Tochter Ernst Thälmanns, Irma Gabel-Thälmann (Bullauge, 11.2. 1972).

DAS MOTORSCHULSCHIFF „ARTUR BECKER"

Am 3. November 1971 übernahm die GST-Marineschule ein weiteres Schulschiff, das ehemalige Hilfsschiff „Ruden". Anlässlich der 2. Schulkonferenz der GST am 16./17. Dezember des gleichen Jahres in Greifswald wurde dem neuen Motorschulschiff auf Beschluss des Sekretariats des Zentralrates der FDJ der Name des deutschen Jungkommunisten und Revolutionärs Artur Becker (1905-1938) verliehen.
Es gehörte der Loggerserie an und wurde 1951 vom VEB Schiffswerft Roßlau/Elbe für die VP-See gebaut. Das Schiff wurde mehrfach modernisiert und für die Sporttaucherausbildung spezialisiert. Anlässlich der Namensverleihung appellierte Hannes Rech, Sekretär des FDJ-Zentralrats an die Stammbesatzung unter Kapitän Horst Fechner: „...die zukünftigen Ausbilder auch im Geist des jungen Kommunisten und Revolutionärs Artur Becker zu erziehen und sich seines Namens stets würdig zu erweisen".
Ein Höhepunkt für die Besatzung dieses Schiffes war das Jahr 1972.
Im Jahr des V. Kongresses der GST, der vom 14. bis 16. September 1972 in Dresden stattfand, überbrachte das MSS „Artur Becker" während des 2. Deutsch-Sowjetischen Jugendfestivals in der Zeit vom 24. Bis 29. Juni 1972 die „Flamme der Freundschaft" nach Leningrad, die am Mahnmal für die Opfer des Faschismus in Berlin entzündet worden war. Während eines feierlichen Zeremoniells vor dem Auslaufen der Schulschiffe an der Pier der GST-Marineschule übergab der „Held der Arbeit" Wolfgang Heinrich die „Freundschaftsflamme" an Kapitän Horst Fechner. Dabei betonte der stellvertretende Vorsitzende des ZV der GST, Oberstleutnant Rudolf Pitschel: „Entzündet sie am ewigen Feuer des Mahnmals für die Opfer des Faschismus. Die Flamme wird in Leningrad davon künden, daß die Bürger der DDR fest an der Seite der Völker der UdSSR stehen" (OZ v. 20.6. 1972). In Leningrad wurde die „Flamme der Freundschaft" mit der „Flamme der Helden von Leningrad" vereinigt. Während des Aufenthaltes in Leningrad kam es auf den Schulschiffen der GST zu

freundschaftlichen Begegnungen zwischen den Delegation der FDJ und des Komsomol unter Leitung ihrer 1. Sekretäre, Dr. Günther Jahn und Jewgeni Tjashelnikow. Vom Festival zurückgekehrt, äußerte Kapitän Horst Fechner: „Die Tage in Leningrad werden mir, der Stammbesatzung des MSS `Arthur Becker` und den Schülern unvergeßlich bleiben".
Von großer Bedeutung im Jahr 1972 war der Besuch der ersten Delegation der DOSAAF (Freiwillige Gesellschaft zur Unterstützung der Armee, der Luftstreitkräfte und der Flotte), der sowjetischen Bruderorganisation der GST an der Greifswalder Marineschule. Der Delegation, die unter der Leitung von Oberst Bolgotorodow stand, gehörten weiterhin an: Der Vorsitzende der DOSAAF Lettlands, A. Weiss und die Leiter der Marineschulen Leningrad und Riga, W. I. Popow bzw. I. P. Djutschenko. Die sowjetischen Gäste informierten sich eingehend über die Ausbildungsmöglichkeiten der Jugend an der GST-Marineschule Greifswald.
Im gleichen Jahr gestaltete sich ein Geschehen ganz anderer Art zu einem weiteren Höhepunkt im Leben der GST-Marineschule – die „Aktion DT Mobile 1972". In Zusammenarbeit mit der Pressestelle und der Abteilung Maritime Ausbildung des Zentralvorstandes der GST führte das Jugendradio DT 64 vom 18. Juli bis 7. August 1972 eine Fahrt auf den Binnenwasserwegen der DDR von Berlin-Grünau nach Greifswald-Wieck durch.
In Vorbereitung des V. Kongresses der GST ging es unter anderem darum zu zeigen, dass der Seesport und im Besonderen die maritime Laufbahnausbildung der GST vielfältige Möglichkeiten sinnvoller Freizeitgestaltung bieten. Vom Bezirksausbildungszentrum (BAZ) Berlin-Grünau verlief die „Binnenwasserwanderfahrt" über die Kreisausbildungszentren (KAZ) Müllrose, Schwedt, Ückermünde, Wolgast und Stralsund zur GST-Marineschule nach Greifswald-Wieck, wo am 7. August 1972, dem 20. Geburtstag der GST, die Schulschiffe „Wilhelm Pieck" und „Ernst Thälmann" mit einem Lehrgang von Offiziersbewerbern der Volksmarine in die UdSSR und Polen verabschiedet worden.
Während dieser Zeit gab es einen tiefen personellen Einschnitt in der Leitung der Marineschule. Bedingt durch kadermäßige Veränderungen im Zentralvorstand der GST in Neuenhagen bei Berlin wurde der Schulleiter mit der längsten Dienstzeit, Korvettenkapitän d. R. Dr. päd. Helmut Sieger, der das Profil der Schule wesentlich geprägt hatte, abberufen und mit Wirkung vom 1. August 1972 in die höhere Funktion als Leiter der Abteilung Maritime Ausbildung des Zentralvorstandes der GST berufen. Der bisherige Stellvertreter für Politische Arbeit und Kommandant mehrerer Motorschulschiffe, Wilfried Reich, übernahm kommissarisch die Leitung der GST-Marineschule.

DIE X. WELTFESTSPIELE UND DIE OPERATION SAIL 1974

Auch das Jahr der X. Weltfestspiele der Jugend und Studenten in Berlin 1973 fand seinen Niederschlag in der Tätigkeit der Marineschule „August Lütgens".
Denn bereits vor seiner 4. Tagung 1972 hatte der Zentralrat der FDJ alle Jugendlichen der DDR aufgerufen, sich mit hervorragenden Leistungen zur allseitigen Stärkung der DDR auf die X. Weltfestspiele vorzubereiten und die Beschlüsse des VIII. Parteitages der SED und des 9. Parlaments verwirklichen zu helfen. Zu den vielfältigen Vorbereitungen auf die X. Weltfestspiele in Berlin gehörte auch ein Wissenstest der „Ostsee-Zeitung" im März 1973, der zur Finanzierung des Jugendfestivals beitragen sollte und zehn Teilnehmern die Mög-

lichkeit bot, eine Tagesfahrt mit dem Segelschulschiff „Wilhelm Pieck" zu gewinnen.
Als in Berlin die Weltfestspiele begannen, verschaffte die Besatzung des GST-Segelschulschiffes am 1. August 1973 den OZ-Quiz-Gewinnern Festivalfreuden unter vollen Segeln auf dem Greifswalder Bodden.
Während der Weltfestspielwoche konnten die Angehörigen der GST-Marineschule prominente Teilnehmer der X. Weltfestspiele aus afrikanischen Staaten, Chile und Frankreich, unter ihnen den Generalsekretär der Internationalen Förderation der antifaschistischen Widerstandskämpfer, Jaques Dennis, begrüßen.
An der bis dahin größten antiimperialistischen Manifestation der Weltjugend nahmen in Berlin über 25.000 Jugendliche aus 144 Ländern teil und über 520.000 Mitglieder der FDJ, unter ihnen mehrere tausend Kameraden der GST.
Zahlreiche Gäste nutzten ihren Aufenthalt in der DDR auch zu einer Fahrt mit dem Segelschulschiff „Wilhelm Pieck".
Im Jahre 1974, dem Jahr des zwanzigjährigen Bestehens der GST-Marineschule, konnte die stolze Bilanz gezogen werden, dass bis dahin etwa 15.000 Kursanten die Greifswalder maritime Ausbildungsstätte absolviert hatten.
Am 12. März des für die Jugend der DDR ereignisreichen Jahres 1973 beging der älteste Segelschiffskapitän der DDR, Ernst Weitendorf, seinen 90. Geburtstag in seinem Haus in Rostock-Gehlsdorf. Aus diesem Anlass erhielt der Jubilar von staatlicher Seite den Vaterländischen Verdienstorden in Bronze verliehen und vom Zentralrat der FDJ die Artur-Becker-Medaille in Gold. Bewegt äußerte dabei der hoch betagte und verdienstvolle Fahrensmann, der die ersten Vertreter einer neuen Seefahrergeneration der jungen DDR ausgebildet hatte:
„Es gab zwei bedeutende Schiffe in meinem Leben, das war die Fünfmastbark `Karl Vinnen`, mit der ich mehrmals die Welt umsegelte, und das Segelschulschiff `Wilhelm Pieck`, auf dem ich erleben konnte, welch eine schöne und stolze Jugend in unserem Staat heranwächst. Heute als Neunzigjähriger erlebe ich das Jahr der X. Weltfestspiele. Und ich möchte unserer Jugend und der Jugend der ganzen Welt, die sich in Berlin versammeln wird, mit auf dem Weg geben: Setzt eure ganze Kraft, euer Können ein, um den Frieden für immer zu erhalten" (OZ, 13.3. 1973).
Die Teilnahme des einzigen Segelschulschiffes der DDR an der Großregatta „Operation Sail 1974", dem großen „Windjammersegeln" der Neuzeit anlässlich des 30. Jahrestages der Volksrepublik Polen, gestaltete sich auch für die GST-Marineschule als Reeder zu einem Ereignis von wichtiger internationaler Bedeutung. Unter den teilnehmenden Großseglern der Klasse A „Tovarishch" (UdSSR), „Dar Pomorza" (VR Polen), „Gorch Fock" (BRD) und „Georg Stage" (Dänemark) war die „Wilhelm Pieck" (DDR) das kleinste Schiff. Außenpolitisch erwies sich dieser Zeitpunkt als sehr günstig, denn ein Jahr zuvor setzte mit Beginn der KSZE-Konferenz 1973 in Helsinki die Aufnahme von diplomatischen Beziehungen der DDR zu über 130 Staaten ein, darunter auch zur BRD und Dänemark. Der dänische Botschafter Per Groot überreichte als erster Diplomat eines NATO-Staates am 12. April 1973 sein Beglaubigungsschreiben der Regierung der DDR in Berlin. Damit waren die Weichen für die GST und ihr Segelschulschiff „Wilhelm Pieck" gestellt worden – die konzeptionellen Arbeiten für die Reise nach Dänemark und die Regatta setzten ein (vgl. H. Sieger 2005).
Die Regatta begann am 14. Juli 1974 in Kopenhagen. Zu Ehren der dänischen Königin Margarethe II. und ihrer Familie, eröffnete das dänische Segelschulschiff „Georg Stage" die ab-

schließende Schiffsparade. Das großartige „Segelrennen" ging am 17. Juli in der Danziger Bucht zu Ende. Die große Seeparade am 21. Juli, am Vorabend des 30. Jahrestages der VR Polen, in Gdynia war der absolute Höhepunkt dieser Tage. Fast 100.000 Zuschauer erlebten die Vorbeifahrt von über 600 Segelschiffen, Hochseejachten und Segelbooten, die vom Siegerschiff dieses Wettrennens, der „Tovarishch", angeführt wurden.
Das Segelschulschiff „Wilhelm Pieck" als kleinster Teilnehmer in der Klasse der Großsegler erreichte dabei unter Führung des Greifswalder Kapitäns Helmut Stolle mit insgesamt 50 Mann Besatzung und Gästen an Bord den 5. Platz. Da das Schiff bisher an keiner derartigen Regatta teilgenommen hatte, stellte diese Platzierung für die junge Besatzung eine beachtliche Leistung dar, die folgende öffentliche Wertschätzung fand:
„Die Segelschiffe aus den sozialistischen Staaten, darunter das Segelschulschiff der GST `Wilhelm Pieck` und seine junge Besatzung, haben sich in den erlebnisreichen Tagen der `Operation Sail 74`als Sendboten der Freundschaft bewährt und einen echten Beitrag im Sinne der Völkerfreundschaft geleistet" (G. Stahmann 1974).
Als Geste der Freundschaft und des Völkerfriedens erhielten alle teilnehmenden Segelschiffe der Klasse A vom polnischen Staatsratsvorsitzenden, Professor Henryk Jablonski (1909-2003), eine neue Schiffsglocke als Präsent überreicht. In diesem Rahmen statteten auch der Botschafter der DDR in Polen, Günter Sieber und der als Ehrengast in Gdynia weilende Vorsitzende des ZV der GST, Generalmajor Günter Teller, der Besatzung des GST-Segelschulschiffes einen Besuch ab. Der sowjetische Kapitän Oleg Wadenko von der „Tovarishch" schätzte nach der Regatta ein, „dass nichts die Erfahrung auf einem Segelschiff ersetzen kann. Konfrontiert mit der urwüchsigen Kraft des Meeres, erwerben die jungen Matrosen als erstes Mut, Ausdauer, Geschicklichkeit und Selbstbehauptung. Segelschiffe sind Schulen des Charakters!"
Diese Worte trafen für die Ausbildung auf dem Segelschulschiff „Wilhelm Pieck" der GST-Marineschule ebenso zu. Das Anliegen dieses sportlichen Glanzpunktes, der von der „The Sail Training Assoziation", Sitz England, organisiert worden war, bestand darin, die Traditionen der Segelschifffahrt aufrechtzuerhalten.
In dem erfolgreichen Jahr 1974, dem 25. Jahrestag der DDR, erfolgte eine erneute personelle Veränderung in der Schulleitung. Mit Wirkung vom 1. Juli diesen Jahres wurde Kapitän zur See d. R. Wolfgang Riemer, ehemaliger Stabschef der Offiziershochschule (OHS) „Karl Liebknecht" Stralsund der Volksmarine zum neuen Leiter der GST-Marineschule berufen. Für ihr erfolgreiches Wirken bei der Ausbildung des Offiziersnachwuchses für die Volksmarine erhielt die GST-Marineschule anlässlich des 20. Jahrestages ihrer Gründung am 6. Juli vom Stellvertreter des Ministers für Nationale Verteidigung und Chef der Volksmarine, Vizeadmiral Wilhelm Ehm, die Verdienstmedaille der NVA in Gold überreicht. Nach dem feierlichen Festappell wurde das Segelschulschiff mit Besatzung und Gästen unter Kapitän Helmut Stolle nach Kopenhagen verabschiedet. Während dieser ereignisreichen Wochen besuchte in der Zeit vom 8. bis 13. Juli erneut eine Delegation der DOSAAF die GST-Marineschule Greifswald und zum ersten Mal auch eine Delegation der Republik Vietnam, die während ihres Aufenthaltes der Schule einen Teil vom Wrack des 3000. abgeschossenen feindlichen USA-Flugzeuges überreichte.
Am 2. Dezember übernahm die Schule von der Volksmarine ein weiteres, ebenfalls aus einer Loggerserie stammendes Schiff, das ehemalige Hilfsschiff „Rügen". Dieses Schiff erhielt den an der Schule traditionellen Namen „Freundschaft" (III) und löste die ältere „Freund-

schaft" ab. „Das neue Bordkollektiv unter Führung von Kapitän Bodo Strüwing wird ab 1. Januar 1975 den Kampf um die Auszeichnung als Kollektiv der sozialistischen Arbeit aufnehmen. Das Kollektiv will damit dazu beitragen, das Kampfprogramm der Marineschule als `Ausgezeichnete Schule der GST` im Ausbildungsjahr 1974/75 zu verwirklichen" (OZ v. 3.12. 1974).

Die „Freundschaft" (II) war vorwiegend für die Aus- und Weiterbildung von Funktionären und Ausbildern des Tauchsports der GST eingesetzt und wurde am 15. Januar 1979 während eines Meetings aus dem Bestand der Marineschule ausgesondert und als umbenannte „Rostock" über Schiffscommerz Rostock nach Griechenland verkauft.

Die Jahre zwischen dem V. (1972) und VI. Kongress der GST, der vom 17. bis 19. Juni 1977 in Karl-Marx-Stadt (heute Chemnitz) stattfand, waren an der Greifswalder Marineschule durch die Durchsetzung des Ausbildungsprogramms „Vormilitärische Ausbildung für die Laufbahn Matrosenspezialist der Volksmarine" im Zusammenhang mit der Modernisierung der Ausrüstung geprägt. Beides führte insgesamt zu einer Steigerung der seemännischen Grundausbildung. Diese Jahre verzeichneten zugleich ein verstärktes internationales Interesse an der Arbeit der Greifswalder Marineschule:

So besuchte vom 18. bis 21.5. 1975 eine Delegation des Jugendministeriums der damaligen Republik Irak die Marineschule.

Am 21. Juni 1975 war die erste Delegation der mongolischen Wehrorganisation OSO (Gesellschaft zur Unterstützung der Verteidigung) unter Leitung ihres Vorsitzenden, General Shambin Shamjan, im Rahmen ihres Freundschaftsbesuchs in der DDR im Juni ebenfalls Gast der Greifswalder GST-Marineschule, und am 7. Mai 1976, besuchte eine Delegation der damaligen tschechoslowakischen Wehr- und Sportorganisation ZVAZARM (Union für die Zusammenarbeit mit der Armee) die Greifswalder maritime Ausbildungsstätte.

Die am 13. Mai diesen Jahres durchgeführte 10. Tagung des Zentralvorstandes der GST zog Bilanz über die Ergebnisse der Arbeit der GST seit dem VIII. Parteitag der SED (1971). Die Teilnehmer stellten fest, dass die GST die vom V. Kongress beschlossene Hauptaufgabe erfüllte und die materiell-technische Ausbildungsbasis in der gesamten GST modernisiert und durch Neuanschaffungen erweitert worden war, so unter anderem zwei Motorschulschiffe für die GST-Marineschule, des Weiteren 15 Motorausbildungsboote vom Typ MAB 12, 100 Kleinboote, 550 Drucklufttauchergeräte und 1.500 Funkgeräte für die vormilitärisch-maritime und Sporttaucherausbildung in der DDR (vgl. GST-Chronik 1987).

DAS NEUE MOTORSCHULSCHIFF „ERNST THÄLMANN"

Der 1. Dezember 1976 war ein weiterer wichtiger Termin für die Marineschule.

In Anwesenheit des Stellvertreters des Chefs der Volksmarine, Konteradmiral Lothar Heinecke (1893-1985) und des Vorsitzenden des Zentralvorstandes der GST, Generalleutnant Günther Teller, erhielt die GST-Marineschule während des feierlichen Zeremoniells das moderne Minensuch- und Räumschiff (MSR) der Volksmarine „Anklam" als neue Ausbildungseinheit übergeben. Dieses Schiff war 1969 auf der Peenewerft Wolgast für die Volksmarine erbaut worden. An der GST-Marineschule trat es die Nachfolge des alten MLR und Schulschiffes „Ernst Thälmann" an, das wie bereits bemerkt im Frühjahr 1977 ausgemustert und danach im April 1978 auf dem Verschrottungsplatz Rostock-Bramow ofengerecht zerlegt

wurde. Zunächst musste aber das neue Motorschulschiff während der Zeit von Januar bis Juli 1977 in der Neptun-Werft Rostock notwendigen Umbauarbeiten unterzogen werden, um den spezifischen Bedingungen maritimer Ausbildung in der GST gerecht zu werden.
Mit dem neuen Flaggschiff des Greifswalder Motorschulschiffverbandes entsprach die GST-Marineschule in Vorbereitung auf den VI. GST-Kongress optimal den Anforderungen, die Jugend der DDR auf den in der NVA und den anderen bewaffneten Organen vorzubereiten.
Nach dem VI. Kongress der GST, der vom 17. bis 19. Juni 1977 in Karl-Marx-Stadt stattfand, konnte die GST-Marineschule „August Lütgens" am 19. August 1977 das neue Schulschiff in Dienst stellen. An diesem denkwürdigen Tag verlieh der Vorsitzende des Zentralvorstandes der GST, Generalleutnant Günther Teller, in Anwesenheit des Chefs der Volksmarine, Vizeadmiral Wilhelm Ehm und mit Zustimmung Irma Gabel-Thälmanns den traditionsreichen Namen „Ernst Thälmann".
Am Sonntag, dem 9. Oktober 1977, lief das MSS „Ernst Thälmann"(II) aus dem Heimathafen Greifswald-Wieck mit dem Kurs auf Leningrad aus, um während der Oktoberfeierlichkeiten in der UdSSR seinen ehrenvollen Auftrag zu erfüllen:
Es sollte „die ewige Flamme der Revolution aus der Heldenstadt an der Newa holen, damit sie für die hunderttausend Jungen und Mädchen zum `Fest des Roten Oktober' im Stadion der Weltjugend in Berlin leuchten" konnte.
Für das neue Schulschiff und seine junge Besatzung stellte diese Fahrt zugleich die erste Ausbildungsfahrt und Bewährungsprobe dar. Am 15. Oktober ging das Motorschulschiff der GST mit der „Flamme der Revolution" an Bord von Leningrad aus wieder auf Heimatkurs und machte am Abend des 17. Oktober am Rostocker Kabutzenhof die Leinen fest, wo sich die Jugend des Küstenbezirkes an der „Reichpietsch–Köbis-Gedenkstätte" zu einer machtvollen Demonstration versammelt hatte. Im Beisein prominenter politischer Persönlichkeiten, wie des 1. Sekretärs der SED-Bezirksleitung Rostock, Ernst Timm, der Vorsitzenden der Pionierorganisation „Ernst Thälmann", Helga Laabs, des Generalkonsuls der UdSSR für die drei Nordbezirke der DDR, W.I. Dedow, und des Konsuls der Volksrepublik Polen, M. Maj, wurden 3.500 Pioniere und FDJler der Bezirksdelegation Rostock zu dem in Berlin vom 19. bis 22. Oktober stattfindenden „Fest des Roten Oktober" feierlich verabschiedet. Die „Revolutionsflamme", die auf dem Leningrader Marsfeld durch den Studenten Michael Schumann entgegengenommen und in der Rostocker Pylone entzündet worden war, wurde anlässlich dieser Manifestation an die GST-Bezirksorganisation Berlin übergeben.
Am 18. Oktober 1977 liefen Schiff und Besatzung nach ihrer ersten Auslandsfahrt wieder in den Heimathafen Greifswald -Wieck ein.
Für die gezeigten Leistungen in Vorbereitung des „Festes des Roten Oktober" erhielt die Stammbesatzung des MSS „Ernst Thälmann" (II) auf Beschluss des Zentralrates der FDJ die „Artur-Becker-Medaille" in Gold, ebenso die Besatzung des MSS „Artur Becker", die mit ihrem Schiff die Versorgungsaufgaben für die „Ernst Thälmann" auf der Ostsee löste und damit wesentlich zum Gelingen dieses Auftrages beitrug. Kapitän dieses Schiffes seit der Indienststellung (1977) bis zu seiner Ausmusterung (1989) war Bodo Strüwing.
Bedeutsam im Leben der GST-Marineschule und des Heimathafens Greifswald-Wieck war auch der 23. März 1978. An diesem Tag lief das Schulschiff „Wilhelm Pieck" nach über fünfmonatigen Überholungsarbeiten in der Rostocker Neptunwerft im neuen Gewand wieder in den Heimathafen ein.

Auch bei der mehrmonatigen Werftliegezeit des Segelschiffes in den Wintermonaten 1977/78 hatten die FDJler der Neptunwerft großen Anteil am neuen Aussehen des Schiffes. Die Reparatur des Schiffes wurde von der FDJ-Grundorganisation der Neptunwerft als zentrales Jugendobjekt übernommen. Während dieser Werftliegezeit wurden unter anderem das Holzdeck und die gesamte elektrische Anlage erneuert und die Niedergänge wasserdicht gemacht. Auch die Inneneinrichtung von der Kombüse bis zu den Aufenthaltsräumen wurde modernisiert. Die FDJ-Grundorganisation der Werft hatte zu vier freiwilligen Arbeitseinsätzen (Subbotniks) an den Wochenenden aufgerufen, an denen sich insgesamt 70 Jugendfreunde beteiligten. Die Stammbesatzung selbst leistete über 5000 Stunden an freiwilligen Arbeitsleistungen.
Das Reparaturobjekt „Segelschulschiff" wurde anlässlich des 32. Geburtstages der FDJ am 7. März 1978 abgerechnet, und am 23. März 1978 lief die „Wilhelm Pieck" nach über fünfmonatigen Überholungsarbeiten wieder im Heimathafen Greifswald -Wieck ein. Zwei Jahre zuvor, konkret im August 1976, gab es Überlegungen und Initiativen zum Bau eines neuen Segelschulschiffes auf DDR-Werften. Die Direktoren der Warnow-Werft Warnemünde, Neptun-Werft Rostock und Mathias-Thesen-Werft Wismar erklärten sich dazu bereit, aber der Direktor der VVB-Schiffbau lehnte den Neubau wegen Planproblemen ab. Sogar der damalige FDJ-Chef und Mitglied des Politbüros der SED, Egon Krenz, wollte dazu eine FDJ-Initiative starten, aber das Politbüro lehnte ebenfalls ab. Schließlich gab es Überlegungen, das Schiff in Polen bauen zu lassen, die sich aber auch zerschlugen (vgl. H. Sieger 2010).

ENGE ZUSAMMENARBEIT MIT DEM TERRITORIUM

Aufgrund der gewachsenen Anforderungen der GST-Marineschule für die Volksmarine und der damit verbundenen Ausbildungskapazität Mitte der siebziger Jahre erfolgte auf Beschluss des Zentralvorstandes der GST im Januar 1978 die Grundsteinlegung für ein zusätzliches mehrstöckiges Verwaltungs- und Schulgebäude mit großem Konferenzsaal sowie Fach- und Sportkabinetten. Außerdem begannen umfangreiche Arbeiten zur Rekonstruktion und Erweiterung des Objektes, wobei eine Sportanlage, ein Schießstand und ein Parkplatz entstanden.
Der Schulneubau und die Rekonstruktionsarbeiten kosteten rund 12,1 Millionen DDR-Mark. Für die Bauarbeiten zeichnete das Greifswalder BMK (Baumontagekombinat) unter Leitung des Bauleiters Thomsen verantwortlich. Das bisherige Schulgebäude aus dem Jahre 1961 wurde in der Folgezeit zum Sozialgebäude und Internat mit 80 Plätzen umgebaut. Während dieser Zeit erstreckten sich die Aktivitäten der Mitarbeiter der GST-Marineschule auch auf das unmittelbare Territorium, so dem Wahlkreis IV der Stadt Greifswald, der damals die Ortsteile Eldena, Wieck und Ladebow umfasste, in Form von NAW (Nationales Aufbauwerk) – Einsätzen, im „Mach-mit-Wettbewerb" und in der Vorbereitung auf die Kommunalwahlen sowie der Betreuung älterer Menschen im Rentenalter. Diese gemeinsamen Anstrengungen fanden ihre Würdigung in einer Festveranstaltung am 9. Mai 1978, in der sich sowohl die Stammbesatzung des Segelschulschiffes „Wilhelm Pieck" unter Kapitän Helmut Stolle als auch das Pädagogenkollektiv der „Grete-Walter-Oberschule" Eldena- Wieck unter Leitung ihres Direktors Willi Siegmund in das „Ehrenbuch der Stadt Greifswald" eintragen konnten.

Zugleich entwickelten sich eine enge und fruchtbringende Zusammenarbeit zwischen der GST-Marineschule und dem Museum der Stadt Greifswald, das sich damals in einer komplizierten Umbauphase befand. Ausgangspunkt war die erstmalige Aufbereitung der thematischen Ausstellung „Greifswalder Schifffahrt, Schiffbau und Fischerei in sieben Jahrhunderten“, die ab August 1978 für die Öffentlichkeit zugänglich war. Die Marineschule stellte Leihgaben zur Verfügung und gewährte der Museumsleitung Unterstützung während der Rekonstruktionsphase bei der Auslagerung wertvollen Museumsgutes aus dem baufällig gewordenen ehemaligen Franziskanerkloster mit Fahrzeugen und Lehrgangsteilnehmern. Die Museumsleitung erforschte dagegen die Geschichte der GST-Marineschule und erarbeitete die Erstfassung der Chronik des Partners in Wort und Bild.
Das Mitglied des Museumsbeirates, der ehrenamtliche Schiffsmodellbauer Detlev Krüger, fertigte damals mit viel Akribie, Zeit und Aufwand Modelle der Schulschiffe „Ernst Thälmann“ (II), „Artur Becker“ und der „Freundschaft“ (II) sowie der „Wiecker Klappbrücke“ an. Im Rahmen der Museumspublikationen „Neue Greifswalder Museumshefte“ erschienen die Hefte „Zwischen Ryck und Ruden“ (1978) und „Zwischen Dänischer und Gristower Wiek“ (1978) sowie später von der langjährigen WBA (Wohnbezirksausschuss)-Vorsitzenden und Autorin Luise Kruse (1911-1988) der Titel: „Greifswald-Wieck im Wandel der Zeiten. Geschichte und Geschichten und Erlebnisse aus älterer und jüngerer Zeit“. Die drei populärwissenschaftlichen Museumspublikationen beinhalten auch die Entwicklung der GST-Marineschule und ihren Stellenwert im engeren Territorium.

EXPEDITIONEN ZU EINEM UNTERGEGANGENEN EILAND

Die fruchtbringende Zusammenarbeit zwischen GST-Marineschule und Museum der Stadt Greifswald mündete in der Vorbereitung und Durchführung einer gemeinsamen Forschungsfahrt beider Institutionen zur untergegangenen Insel und heutigen Sandbank bzw. Untiefe Großer Stubber im Greifswalder Bodden.
Zwei Jahre zuvor (1976) hatte die GST-Marineschule ein neues kleines Motorschulboot vom Typ MAB-12, „Albatros“, in Dienst gestellt, dass im gleichen Jahr auf der Jachtwerft Berlin-Köpenick erbaut worden war. Mit seinen taktisch-technischen Daten von 12,45 m Länge; 3.96 m Breite, 1,10 m Tiefgang, 100 PS (=99,3 kw) Motorleistung, 2 Mann Stammbesatzung und 6 Schülern war dieses Boot für derartige Zwecke bestens geeignet.
Am 22. Juni 1978 lief das Boot unter dem Kommando von Bodo Strüwing und elf Vertretern verschiedener Greifswalder Institutionen vom Hafen Greifswald-Wieck bei normalem Wasserstand mit Kurs auf die heutige Untiefe im Zentrum des Greifswalder Boddens aus. Die wissenschaftliche Leitung lag in den Händen von Dr. Harry Schmidt vom Institut für Landschaftsforschung und Naturschutz Halle, Zweigstelle Greifswald und dem Verfasser als amtierenden Greifswalder Museumsdirektor.
Eine äußerst günstige Konstellation von Wasserstand, Wind-, See- und Strömungsverhältnisse sowie Sonneneinstrahlung bot ideale Bedingungen für eine Landung auf der Sandbank, die mithilfe eines Schlauchbootes erfolgte.
Das MAB „Albatros“ lag etwa 100 m vor der Ostkante des Großen Stubber. Die rezente Sandbank, der letzte Rest der im 19. Jahrhundert durch Steinfischerei und Kiesabbau der Stadt Greifswald schwer in Mitleidenschaft gezogenen ehemals viel größeren Insel, zeigte

sich uns als „freier Strandwall". Er bot das Bild einer südwestlich-nordöstlich verlaufenden „Niere" die einen großen Findling an „Land" und vier im Wasser aufwies, die etwa 0, 50 m herausragten. Die Länge der Sandbank wurde mit Schrittmaß mit etwa 112 m bestimmt, die Breitenmessung mit Bandmaß ergab von Süden nach Norden 3,50 m; 5,50 m; 1,70 m und 7,00 m, die Höhe betrug nur 0,20 m über Normalnull (NN). Während entlang der Ostseite des Großen Stubber nur kleinere Gerölle unter Wasser vertreten waren, zeigte die Westseite unter Wasser zahlreiche Gesteine unterschiedlicher Größe, sodass das Anlaufen von dieser Seite mit einem Boot nicht möglich ist.
Eine erste Einschätzung des aus grobkörnigem Kies und bis zu faustgroßen Geröllen bestehenden Strandwalles ergab eine Zusammensetzung von 60% Feuerstein, 20% Granit und Gneis sowie 20% Sandstein und Schiefer. Von den Feuersteinen wurden etwa 50 Stück mit mehr oder weniger deutlichen Schlagmarken und Retuschen zusammengetragen, von denen 19 als mesolithische (mittelsteinzeitliche) Artefakte erkannt wurden.
Als Ergebnisse dieses Besuchs auf dem Großen Stubber konnten gewertet werden:
- Vermessung und Anfertigung einer Skizze des „festen" Landes am 22.6.1978 bei einem Wasserstand des Boddens von -0,10 m NN
- Die erstmalige fotografische Dokumentation der Sandbank
- Vermessung und Volumenschätzung der großen Findlinge
- Feststellung der weiteren Verkürzung und Verflachung der Sandbank in den letzten 25 Jahren (Juli 1953 – letzte Besichtigung)
- Bestätigung der Sandbank als Rast - aber nicht mehr als Brutplatz für Seevögel
- Die Bestätigung der mittelsteinzeitlichen Feuersteine bzw. Werkzeugfunde von Alfred Haas aus dem Jahre 1915.

Die Kollektion leicht abgerollter Feuersteingeräte vom Großen Stubber wurden dem Museum für Ur- und Frühgeschichte Schwerin zur weiteren Auswertung und Deponierung übergeben. Die Untersuchung erbrachte den Beweis, dass der Sandbank durch das Vorhandensein ihrer großen Findlinge eine gewisse Bedeutung im Rahmen der Bodendenkmalpflege zukommt, und das häufige Vorkommen an Feuerstein verwies auf neue Aspekte der historischen Entwicklung der ehemaligen Insel, insbesondere einer steinzeitlichen Besiedlung.
Diese Exkursion fand in GST- und musealen Kreisen der DDR größere Beachtung. Führende Zeitungen und Fachorgane berichteten darüber.
Aufgrund der erbrachten Ergebnisse bei der ersten Expedition zur Erforschung der untergegangen Insel Großer Stubber im Juni 1978, fand am 2. Juli 1980 die zweite gemeinsame Exkursion der GST-Marineschule und der Leitung des Museums der Stadt Greifswald statt. Dafür war extra das neue MAB-14, „Peene", ein verbesserter Typ des MAB-12 und seit 1979 an der Marineschule stationierten Motorausbildungsbootes vorgesehen. Das Kommando der „Peene" hatte der Leiter der Bootsgruppe der GST-Marineschule, Rainer Krehl inne, gesteuert wurde das MAB-14 von Lutz Lüthen. Die Expeditionsleitung lag diesmal in den Händen von Dr. Harry Schmidt (ILN), Dr. Hans-Joachim Subklew, Sektion Geografie der Ernst-Moritz-Arndt-Universität Greifswald und dem Verfasser, Diplom-Historiker und amtierender Museumsdirektor. Außerdem gehörten ein Kamerateam des Fernsehfunks der DDR, Redaktion Umschau, Berlin, unter Leitung von Michael Schmidt, der heute beim „Nordmagazin", Landesstudio Schwerin, moderiert, und zwei Sporttaucher, darunter Sigbert Kurth, Instrukteur für Tauchsport der GST-Marineschule, zu den Forschungsteilnehmern. Die Wetterlage war diesmal nicht so günstig wie vor zwei Jahren – zwar Sonnenschein, aber leicht bewegte Bodden. Diesmal zeigte sich die Sandbank nicht, der Große Stubber lag völlig unter Wasser, nur einzelne größere Steine ragten heraus. Ein Anlanden mit dem Schlauchboot erwies sich unmöglich. Die vorgenommenen Tauchversuche bestätigten, dass die ehemalige Sandbank die flachste und umfangreichste Untiefe des Greifswalder Bodden ist, die bereits bei mittlerem Wasserstand völlig verschwindet.
Die Überlegungen, ob eine Aufschüttung der Sandbank Großer Stubber zur Insel analog der Eilande „Walfisch" in der Wismar-Bucht oder des „Bock" bei Zingst mit Baggergut möglich ist, waren dadurch gegenstandslos geworden.
„Einst eine blühende Insel, ist sie heute für die Schifffahrt eine gefährliche Sandbank. Unkontrollierte und planlose Eingriffe de Menschen im 19. Jahrhundert mögen die Ursachen für das langsame Versinken der Insel gewesen sein. Wind und Wetter taten ein Übriges" (FF, Nr. 32/80). In den letzten dreißig Jahren erfolgten keine weiteren Untersuchungen am Großen Stubber.

EIN STRENGER WINTER

In den Jahren 1978 und 1979 gab es mehrere gesellschaftliche Höhepunkte, denen die GST-Marineschule Rechnung trug.
Am Vorabend des 45. Jahrestages des Todes von August Lütgens und des 26. Jahrestages der GST machten am 14. Juli 1978 alle vier Greifswalder Schulschiffe – das Segelschulschiff „Wilhelm Pieck" und die drei Motorschulschiffe „Artur Becker", die „Freundschaft" (II)

und die „Ernst Thälmann" (II) als Flaggschiff mit insgesamt 90 Kursanten an Bord im Hafen Greifswald-Wieck die Leinen los, um während einer Ausbildungsfahrt die Ostseehäfen Leningrad, Tallinn und Kolberg anzulaufen.
Der 26. Jahrestag der GST am 5. August 1978 wurde als „Tag der offenen Tür" an der Marineschule mit einem militärischen Zeremoniell begonnen.
Von der Bevölkerung konnten die anwesenden Schulschiffe besichtigt sowie sportliche Aktivitäten betrieben werden. Ein Informationsstand gab Auskunft über die GST-Arbeit. Dazu unterhielten das bulgarische Jugendblasorchester aus Varna gemeinsam mit dem Standortmusikkorps Stralsund der Volksmarine musikalisch die Gäste der Marineschule.
In Vorbereitung des 60. Jahrestages der Novemberrevolution veranstaltete die FDJ- und GST-Bezirksorganisation Rostock an der Gedenkstätte „Revolutionärer Matrosen" am Rostocker Kabutzenhof am 27. Oktober 1978 ein beeindruckendes Meeting, zu dem die Greifswalder GST-Schulschiffe „Wilhelm Pieck", „Ernst Thälmann" und „Artur Becker" sowie Kampfschiffe der Volksmarine über die Toppen geflaggt am Warnowufer festmachten.
Die 4. Tagung des ZV der GST am 16. November 1978 beschäftigte sich vorrangig mit Fragen der politisch-ideologischen Arbeit in der GST. Dazu diente auch der aus Anlass des 60. Jahrestages der Gründung der Kommunistischen Partei Deutschlands (KPD) 1979 und des 103. Geburtstages von Wilhelm Pieck am Wochenende des 26./27. Januar 1979 an der Greifswalder Marineschule einberufenen Erfahrungsaustausches. Daran nahmen 76 Teilnehmer aus 50 GST-Kollektiven teil, die den Namen „Wilhelm Pieck" trugen. Der Erfahrungsaustausch, in dem auch über die Traditionspflege in der GST beraten wurde, stand unter Leitung des Stellvertreters des ZV der GST für Agitation und Propaganda, Oberst Dr. Werner Eltze. Während dieser Schulung überreichte die damalige Museumsleitung, vertreten durch den Verfasser und die Praktikantin Edeltraud Dufke, dem Schulleiter, Kapitän zu See d. R. Studienrat Wolfgang Riemer, die zwischenzeitlich fertiggestellte erste Chronik der GST-Marineschule „August Lütgens" von 1954 bis 1979 in Wort und Bild.
Die Wintermonate Januar und Februar 1979 – im Jahr des 30. Geburtstages der DDR - waren wie überall in der Republik auch in Greifswald sehr schneereich, wobei durch meterhohe Verwehungen extrem schwere Verkehrsbedingungen entstanden. Diesen komplizierten Bedingungen mussten sich die Mitarbeiter der Schule an Land und an Bord, die Lehrgangsteilnehmer, aber auch die Einwohner der Patenwohnbezirke Eldena und Wieck stellen. Mitarbeiter der Schule und Lehrgangsteilnehmer, die witterungsbedingt nicht nach Hause fahren konnten, rückten den Schneemassen zu Leibe. Sie schaufelten den Schulhof, die Zufahrt zur Marineschule, die Straße von der Wiecker Brücke bis zur Eldenaer Mühle frei. Des weiteren beräumten sie Gärten und Wege besonders älterer Bürger in Wieck. Die Mitarbeiter der GST-Marineschule bewährten sich erneut als zuverlässige Partner für den WBA Wieck. Die Versorgung des Ortsteils Wieck mit Lebensmitteln gewährleisteten Hubschrauber der Volksmarine. Trotz des sehr strengen Winters gab es keine Abstriche bei der Realisierung der Aufgaben im Jahr des 30. DDR-Geburtstages und des 25. Jubiläums der GST-Marineschule.
Am Wochenende des 16./17. März 1979 war die GST-Marineschule Gastgeber der 4. Tagung des „DDR-Arbeitskreises für Schifffahrts- und Marinegeschichte".
Daran nahmen 80 Mitglieder teil, mit besonderer Freude begrüßte man erstmals Gäste von ähnlichen Arbeitskreisen aus der Tschechoslowakei und Ungarn.
In Vorbereitung auf den 30. DDR Geburtstag fand erstmalig das Nationale Jugendfestival

der DDR vom 1. bis 3. Juni 1979 in Berlin statt. Dabei waren auch Mitarbeiter der Greifswalder Marineschule unter Leitung ihres Stellvertreters für Ausbildung, Wilfried Ehrlich. Insbesondere gestalteten sie das Wehrsportzentrum Berlin-Friedrichshain mit und stellten dazu Ausbildungsgeräte für den Tauchsport aus dem Bestand der Marineschule zur Verfügung.
„Unser Anliegen war dabei, mit Hilfe einer Ausstellung Einblick in die Ausbildungsweise im See- und Tauchsport zu gewähren, den vielen interessierten Besuchern durch Demonstration von Elementen der Ausbildung im See- und Tauchsport die Schönheit und Vielseitigkeit dieser Wehrsportarten zu zeigen und durch geeignete Anlagen die Teilnehmer am Festival als auch die Bürger der Stadt Berlin zum Mitmachen anzuregen" (W. Ehrlich 1979).
An diesem Jugendfestival zu Pfingsten 1979 beteiligten sich 700.000 FDJler aus der DDR, darunter auch 8.000 Kameraden und 600 Musiker der GST. Damit fand die Massenaktion „Signal DDR 30" ihren Abschluss. Die 50 aktivsten Freunde des Vorbereitungskomitees des Nationalen Jugendfestivals erhielten als Dank für ihre geleistete Arbeit am 18./19. Juni die Einladung zu einem Seetörn mit den Schulschiffen „Ernst Thälmann" und „Artur Becker" im Greifswalder Bodden.
Das traditionsreiche Wiecker Fischerfest wurde wiederbelebt. Im Jubiläumsjahr wurde es in Übereinstimmung der Leitung der GST-Marineschule als Patenbetrieb mit deren Feierlichkeiten zum 25. Geburtstag verbunden und als Volksfest gefeiert.
Die Wiecker WBA Vorsitzende Luise Kruse bemerkte seinerzeit dazu:
„Wir sind glücklich, die Anregung der Kreisleitung der SED aufgegriffen zu haben. Die Genossen meinten nämlich, dass es schade sei, dass das Wiecker Fischerfest nicht mehr existiere. Sie ermunterten uns, die beliebte Tradition aus den Jahren der Ostseewochen wieder aufleben zu lassen. Das haben wir getan ... Im nächsten Jahr (1980) finden bekanntlich die 18. Arbeiterfestspiele statt. Unser Wohnbezirk wird das Seine zum Gelingen beitragen. Unser diesjähriges Fischerfest war dafür eine gute Generalprobe ... So trugen die Patenbetriebe, voran die GST-Marineschule, die zugleich ihr 25jähriges Jubiläum beging, ... wesentlich zum Gelingen bei" (OZ, 3.7. 1979).
Ihren 25. Geburtstag beging die GST-Marineschule in alter Tradition mit einem militärischen Zeremoniell. Danach nahm der Stellvertreter für Ausbildung des ZV der GST, Oberst Rudolf Pitschel, Auszeichnungen verdienter Mitarbeiter vor. Viele Gratulanten waren erschienen. Durch Vertreter des Seefahrtsamtes der DDR bekam die Marineschule als Auszeichnung die „Ehrenmedaille des Seenotrettungsdienstes der DDR" in Bronze überreicht. Den erneuten „Tag der offenen Tür" nutzten etwa 1.500 Besucher, um sich vom Leben und der Ausbildung an Bord der Schulschiffe zu überzeugen.
Das Segelschulschiff verließ bereits am Jubiläumstag der GST-Marineschule, am 1. Juli, den Hafen von Greifswald-Wieck mit Kurs auf die See- und Hafenstadt Wismar zum 750. Jubiläum der alten Hansestadt. Dort nahmen die Greifswalder Seeleute am Empfang des Oberbürgermeisters teil. Anschließend begaben sich Schiff und Besatzung zur „29. Internationalen Ostseeregatta" nach Rostock, die dort vom 8. bis 10. Juli stattfand, und machten am Alten Strom in Warnemünde fest. Unter reger Teilnahme der Rostocker Bevölkerung eröffnete Rostocks damaliger Oberbürgermeister Dr. Hennig Schleiff die Segelparade mit Teilnehmern aus zwölf Ländern. Dabei wurde an Bord des Greifswalder Segelschulschiffes das Organisationskomitee empfangen und den Wettkampfteilnehmern und der Bevölkerung die Möglichkeit geboten, an einer Schiffsbesichtigung teilzunehmen. Anschließend

begab sich die „Wilhelm Pieck" mit einer Lehrgangscrew von Offiziersbewerbern auf Ausbildungsfahrt in die Ostsee mit Kurs auf die lettische Haupt- und Hafenstadt Riga.
Am 12. Juli 1979 weilte zum ersten Mal eine Delegation des ungarischen Verteidigungsverbandes MHSZ unter Leitung seines Generaldirektors, Generalmajor Lajos Kim, zum Erfahrungsaustausch an der Marineschule.
Am Vorabend des 27. GST-Geburtstages nahm der Schulleiter Wolfgang Riemer am 3. August 1979 während eines feierlichen Appells die Indienststellung der beiden neuen Motorausbildungsboote (MAB-14) vor, die die Namen „Ryck" und „Peene" erhielten. Die beiden Boote waren ebenfalls wie das ältere MAB-12 „Albatros" auf der Jachtwerft Berlin-Köpenick erbaut worden. Sie waren etwas größer und leistungsfähiger.
„Damit verfügt diese Einrichtung jetzt über drei Boote, die im Gegensatz zu den vorhandenen drei Großschiffen eine günstigere Ausbildung der Offiziersbewerber für die Volksmarine in seemännischen Grundkenntnissen ermöglichen, so das An- und Ablegen, das Umgehen mit der Leine, eine Schleppverbindung herstellen ... Die Besatzungen der Großschiffe können sich jetzt voll auf die vormilitärisch-maritime Ausbildung konzentrieren" (OZ, 4.8.1979).
Die Marineschule errang in diesem Jahr den Titel „Ausgezeichnete Schule der GST". Auch „Landratten" der GST und andere nutzten die Greifswalder Marineschule zu „Schnupperkursen".
Am 27.September 1979 gaben sich etwa 20 Journalisten der Presse der DDR an der Greifswalder Marineschule die Klinke in die Hand, um Aufnahmen von der Ausbildung an Land und auf See zu machen, so Dr. Malte Kerber, Leiter der Hauptredaktion GST-Publikationen.
Die am 25. Oktober einberufene 6. Tagung des ZV der GST bildete Orientierung für die Arbeit des kommenden Jahres. Die Tagung beschäftigte sich vor allem mit der Vorbereitung von Spezialisten für die NVA durch die vormilitärische Ausbildung in der GST und damit im Zusammenhang stehender Fragen der Qualifizierung der Ausbilder.
Der GST-Vorsitzende, Generalleutnant Günther Teller, forderte dazu auf, „... die Kampfkraft der GST weiter zu erhöhen, damit die Beschlüsse des IX. Parteitages der SED zielstrebig verwirklicht werden können und die Verteidigungskraft des Sozialismus weiter gestärkt wird" (GST-Chronik 1987). Die Beschlüsse stellten neue und höhere Anforderungen an die Mitarbeiter und an die Ausbildungskapazität der GST-Marineschule. Am Jahresende 1979 waren die Innenarbeiten des Neubaus so gut wie abgeschlossen, sodass das moderne und großräumige Schulgebäude in der Zeit vom 21. bis 25. Januar 1980 bezogen werden konnte. Die gemeinsamen Einsätze aller Mitarbeiter der Schule ermöglichten alsbald die Funktionstüchtigkeit des Schulneubaus, obwohl die Ausgestaltung der Unterrichtskabinette noch die folgenden Wochen in Anspruch nahm.

30. GEBURTSTAG DES SEGELSCHULSCHIFFES

Das Jahr 1980 begann traditionell mit einer Würdigung und Rechenschaftslegung anlässlich des 104. Geburtstages von Wilhelm Pieck am 3. Januar. Die Stammbesatzung des Segelschulschiffes konnte auf gute Ergebnisse in der vormilitärischen Ausbildung verweisen: 16% der Jugendlichen, die 1979 an Bord seemännische Kenntnisse und Fertigkeiten erwarben, erhielten das Bestenabzeichen.

Die „Wilhelm Pieck“ hatte bei Ausbildungsfahrten rund 3640 Seemeilen zurückgelegt, und zum dritten Mal verteidigte die Stammbesatzung erfolgreich den Titel „Kollektiv der Deutsch-Sowjetischen-Freundschaft“.
An der Schule erfolgte vom 12. bis 23. Mai der „Zentrale Militärische Lehrgang für maritime Ausbildung“, in dem etwa 65 Ausbilder in drei Zügen auf ihre künftigen Aufgaben in der vormilitärischen Ausbildung vorbereitet wurden.
Zur Lehrgangseröffnung für Ausbilder künftiger Matrosenspezialisten und Taucher für die NVA übergab der GST-Vorsitzende Günther Teller während eines Appells am 13. Mai das neue Schulgebäude seiner Bestimmung. Zweckmäßig gestaltete Fachkabinette für Seemannschaft, Navigation, Tauchertechnik und Motorenkunde ermöglichten damit eine qualifizierte Ausbildung künftiger Matrosenspezialisten und Taucher des militärischen Berufsnachwuchses der Volksmarine sowie der ehrenamtlichen Funktionäre in den maritimen Laufbahnen.
Bei der Übergabe orientierte der Vorsitzende der GST darauf, „... die Ausbilder für ihre wehrpolitisch verantwortungsvolle Tätigkeit noch besser zu befähigen. Das sei eine entscheidende Voraussetzung dafür, um die Soldaten von morgen gut für die höheren Anforderungen an die Landesverteidigung zu rüsten“ (OZ, 14.5. 1980).
Für die seit der Gründung der GST-Marineschule vollbrachten Leistungen der Mitarbeiter an Land und der Schiffsbesatzungen im Rahmen der Internationalen Solidarität erhielt die GST-Marineschule am 15. Mai 1980 vom Solidaritätskomitee der DDR die „Pablo-Neruda-Medaille“ überreicht, und am 21. Mai stattete der Militärattaché der Republik Kuba in der DDR, Kapitän zur See Otto G. Petersen, der Greifswalder Marineschule einen Besuch ab.
Im Juni kehrte die Hochseejacht „Ernst Schneller“, die als „Ernst Thälmann“ Ende 1964 von der GST-Seesportschule dem Kreisausbildungszentrum Ückermünde übergeben worden war, nach ihrem Neuaufbau in der Neptunwerft Rostock an die GST-Marineschule zurück.
Der am 5. Juli an der Marineschule durchgeführte „Tag der offenen Tür“ stand im Zeichen der 18. Arbeiterfestspiele und des Wiecker Fischerfestes. Etwa 3.200 Besucher kamen in die Marineschule, um sich mit den Möglichkeiten der vormilitärischen Ausbildung im maritimen Bereich vertraut zu machen. Neben einem Platzkonzert fanden Segelmanöver auf dem Segelschulschiff und eine Ausstellung „Tauchtechnik“ auf der „Artur Becker“ statt.
Am 10. Juli begaben sich die „Ernst Thälmann“ und die „Artur Becker“ auf Ausbildungsfahrten mit Kurs auf die polnische Hafenstadt Gdynia, um mit Mitgliedern der polnischen Bruderorganisation der GST, der LOK (= Liga für Landesverteidigung) zusammenzutreffen.
Das Segelschulschiff lief während seines Seetörns zunächst Wismar an und nahm anschließend Kurs auf Warnemünde, um an den am 23./24. Juli 1980 stattfindenden 28. Seesportmehrkampfmeisterschaften der DDR als Repräsentant der GST teilzunehmen.
Insgesamt absolvierten die Greifswalder Schulschiffe im Ausbildungsjahr 1979/80 38 Ausbildungsfahrten. An 231 Seetagen legten die Schiffe 4.000 sm (= 7.408 km) zurück und liefen dabei die Häfen Wismar, Stralsund, Rostock, Kolberg, Danzig und Riga an.
Der damalige Leiter der GST-Marineschule, Studienrat Wolfgang Riemer, bemerkte in einem Interview für die „Thüringische Landeszeitung“:
„Als Teil der sozialistischen Wehrorganisation der DDR ist es unser Anliegen, die maritime vormilitärische Ausbildung der Jugend zu organisieren, Kenntnisse zu vermitteln und politische und moralische Willenseigenschaften herauszubilden und zu vervollkommnen. Konkret geschieht das an unserer Schule auf drei Gebieten: Bei der Heran- und Weiterbil-

dung von Ausbildern für die seemännische Navigation, für Schiffsmaschinenkunde und das Tauchen; bei der Vorbereitung von Wehrpflichtigen auf ihren Dienst in der NVA als Offiziersbewerber, Berufsunteroffiziere oder Unteroffiziere und Soldaten auf Zeit; bei der Ausbildung von Übungsleitern und Kampfrichtern für den Wehrkampfsport. Hinzu kommt noch die Ausbildung von Bootswarten, Maschinisten und der Erwerb von Kleinpatenten" (TLZ, 16.8. 1980).
In der Traditionspflege der Schule erhielt in diesem Jahr der 90. Geburtstag von Ernst Schneller (1890-1944) einen besonderen Stellenwert, da die größte Jacht der GST-Marineschule seinen Namen trug. Ernst Schneller war Mitglied des Zentralkomitees der KPD und der Bundesleitung des RFB (Rotfrontkämpferbund) sowie Militärpolitiker der KPD, der von den Faschisten ermordet wurde.
Ihm zu Ehren fand am 8. November sowohl ein Meeting in der Nationalen Mahn- und Gedenkstätte Sachsenhausen statt, an dem zahlreiche GST-Mitglieder teilnahmen, als auch an der Greifswalder Marineschule. Die Mitarbeiter bekundeten, mit guten Ausbildungsergebnissen das Vermächtnis des Kommunisten, Antifaschisten und führenden Funktionärs der deutschen Arbeiterklasse zu erfüllen.
In der am 13. November in Berlin stattfindenden 8. Tagung des ZV der GST beschäftigte man sich insbesondere mit den weiteren Aufgaben auf dem Gebiet des Wehrsports.
„Er fördert mit seinen Möglichkeiten sinnvoller Freizeitgestaltung und sportlicher Bewährung die sozialistische Lebensweise. Er weckt technisches Interesse und berücksichtigt mit der Vermittlung eines fundierten technischen Wissens und Könnens die Anforderungen, die sich aus den Veränderungen im Militärwesen ergeben" (GST-Chronik 1987).
Diese neue Orientierung bestimmte auch den weiteren Ausbildungsrahmen der GST-Marineschule. In dieser bewegten Zeit erwartete die Greifswalder Marineschule zwischen dem 24. und 29.November erneut hochrangige Gäste. Eine Delegation des ZK der DOSAAF unter Leitung ihres stellvertretenden Vorsitzenden, Generalleutnant W.W. Mosjaikin, die auf einer Freundschaftsreise in der DDR weilte, traf dabei mit dem Bezirksvorstand der GST Rostock zusammen und besichtigte die Mathias-Thesen-Werft Wismar und die Greifswalder GST-Marineschule.
Die Arbeit des Jahres 1981 an der GST-Marineschule wurde durch politische Höhepunkte, so den 105. Geburtstag von Wilhelm Pieck, den X. Parteitag der SED in Berlin (11. bis 16. April), des XI. Parlaments der FDJ (2. bis 5. Juni) und das 30. Jubiläumsjahr der Indienststellung des Segelschulschiffes „Wilhelm Pieck" geprägt.
Während eines Meetings am 5. Januar zu Ehren des 105. Geburtstages von Wilhelm Pieck erhielt die Stammbesatzung des Segelschulschiffes unter Kapitän Helmut Stolle für vorbildliche Ausbildungsergebnisse zum vierten Mal die Auszeichnung „Bestes Schiff der GST-Marineschule" verliehen. Auf seinen Planken waren bisher 4.000 Jugendliche ausgebildet worden. In den Monaten Januar bis März erfolgte nach 87.000 Seemeilen eine erneute Werftliegezeit zur Rekonstruktion in der Neptunwerft Rostock. Insbesondere die Schiffbaulehrlinge stellten dabei ihr erworbenes theoretisches Wissen und ihre praktischen Fähigkeiten und Fertigkeiten unter Beweis.
„Unter Anleitung trennten die FDJ-Mitglieder aus dem Schiffsrumpf Stahlplatten heraus und nieteten nach alter Handwerksmethode neue Teile ein. Für die jungen Schiffbauer bedeutete diese Tätigkeit eine interessante Bereicherung ihrer Berufsausbildung" (Tribüne, 30.1. 1981).

Am 9. März erlebten die Mitarbeiter der Marineschule und Gäste einen kulturellen Höhepunkt. Im großen Saal fand die Voraufführung des Fernsehfilms „Martin XIII." statt, der 1980 unter anderem auf dem Segelschulschiff „Wilhelm Pieck" als heitere Verwechselungsgeschichte gedreht worden war. Als Gäste nahmen führende Funktionäre der GST teil, so Generalleutnant Günther Teller als Vorsitzender; Oberst Dr. Werner Eltze, Stellvertreter für Agitation und Propaganda und der ehemalige Leiter der GST-Marineschule, Dr. Helmut Sieger, nunmehr Hauptabteilungsleiter Propaganda im Zentralvorstand der GST.
Der Delegation der Filmschöpfer gehörten unter anderem an: Herbert Köfer, Schauspieler und Filmkapitän des Segelschulschiffes; Fred Delmare, Schauspieler und Filmbootsmann; Otmar Richter, Schauspieler und Filmsportausbilder; die Zwillinge Bianca und Gerald Ungar als Martina und Martin XIII.; Manfred Petzold, Drehbuchautor und Konrad Petzold, Regisseur. Dieser Film wurde am 12. April 1981 uraufgeführt. „Ein heiterer Fernsehfilm ... zeigte auf amüsante Weise, dass auch ein Mädchen eine `Männer-Familien-Tradition` weiterführen kann. Agnes Krause und Herbert Köfer als Martha und Martin XI., Fred Dellmare, Otmar Richter und natürlich Bianca und Gerald Ungar als Martina und Martin XIII. bereiteten viel Spaß und gaben Anlass zum Nachdenken" (Poseidon, 3/1981).
Im Jahr des X. Parteitages konnte die GST-Marineschule das fast zeitgleich mit dem Segelschulschiff in der Rostocker Neptunwerft zu überholende Motorschulschiff „Ernst Thälmann" vorfristig übernehmen.
„Im Rahmen der Parteitagsinitiative hatte sich die Besatzung verpflichtet, Arbeiten zu übernehmen, so säuberte und konservierte sie die Trinkwassertanks, die Fäkalien- und Schmutzwasserzelle sowie Bilge in der Abteilung IV, konservierte und strich das gesamte Oberdeck. Die Werftarbeiter erklärten das Schiff zum `Parteitagsinitiativschiff`. Dank dieser hervorragenden Zusammenarbeit zwischen Werft und Marineschule sowie einer erfolgreichen Probefahrt bei schwerem Wetter konnte das Schiff 26 Tage vorfristig übergeben werden" (Poseidon 3/1981).
Während der Zeit des X. Parteitages lief am 14. April unter dem Kommando des Stellvertreters für Ausbildung der Marineschule, Wilfried Ehrlich, die Hochseejacht „Ernst Schneller", zur ersten Erprobung mit Lehrgangsteilnehmern in den Greifswalder Bodden und das Arkonabecken aus. Ein späterer Fahrtenteilnehmer, Hartmut Wienhöfer, Redakteur der maritimen GST-Zeitschrift „Poseidon", berichtete über einen Segeltörn der „Ernst Schneller" auf Schwerwetterkurs zwischen Saßnitz und Warnemünde:
„Ein anstrengender Seetörn findet seinen herrlichen Ausklang. Vergessen sind die vielen Wenden auf der Kreuz, die Schinderei mit den zerfetzten Vorsegeln im kniehohen Wasser auf dem Vorschiff, kein Wort über die Schlaferei in feuchten Sachen! Wir sind nicht mit Illusionen an den Start gegangen, die `Ernst Schneller` ist keine Rennjacht, sondern ein Ausbildungsschiff, auf dem das Seemannshandwerk gelehrt wird. An Bord segelte keine eingefuchste Regattabesatzung, sondern eine Mannschaft von Seesportlern frischte seemännische Praxis auf und schöpfte Kraft für die Arbeit in der heimatlichen Sektion" (Poseidon, 6/1984).
Im Laufe dieses Jahres besuchten als ausländische Gäste die Marineschule eine Delegation des Sportausschusses Libyens (11. März) und eine weitere von der sowjetischen Bruderorganisation DOSAAF unter Leitung von General Raudsepp, Landesvorsitzender der DOSAAF Estlands (16./17. Juni).
Neue Maßstäbe in der Arbeit der GST-Marineschule ergaben sich auch aus den Festlegun-

gen des XI. Parlaments der FDJ in Berlin vom 2. bis 5. Juni, wobei die weitere Zusammenarbeit zwischen FDJ und GST hervorgehoben wurde.
„Die politische Kraft der FDJ soll noch besser eingesetzt werden, um die vormilitärische und wehrsportliche Erziehung und Ausbildung gemeinsam mit der GST so zu gestalten, dass wirklich jeder die militärische Verteidigung der sozialistischen Errungenschaften als unverzichtbare Konsequenz den sozialistischen Patriotismus und proletarischen Internationalismus erkennt" (GST-Chronik 1987).
Am 25.und 26. Juli 1981 herrschte im Hafen von Greifswald-Wieck Hochbetrieb. 10.000 Bürger und Gäste der Stadt Greifswald waren gekommen, um das Fischerfest und die 30. Wiederkehr der Indienststellung ihres Segelschulschiffes mitzufeiern. Flankiert von 480 Sportbooten des 24. Fahrtenseglertreffens und über die Toppen geflaggt präsentierte sich an diesen Tagen das Jubiläumsschiff. In Anwesenheit des Stellvertreters des Vorsitzenden des ZV der GST, Oberst Rolf Pitschel, und Eberhard Aurich, 2. Sekretär des Zentralrats der FDJ, überbrachten die kommunalen Repräsentanten der Partei und des Staates die herzlichsten Glückwünsche. Dabei wurde der hervorragende Anteil der maritimen Greifswalder Ausbildungsstätte an der Entwicklung des Nachwuchses für die Volksmarine, die DDR-Schifffahrt und die Hochseefischerei betont. Während der großen Musterung erhielt die Stammbesatzung des Segelschulschiffes unter Kapitän Helmut Stolle für ihre erbrachten Leistungen vom Zentralrat der FDJ die „Artur-Becker-Medaille" in Gold verliehen. Während der Jubiläumsfeierlichkeiten trafen sich ehemalige Kursanten der „Wilhelm Pieck", die später als Schiffsoffiziere in den seefahrenden Betrieben der DDR ihren Dienst versahen, bei einer Kapitänsrunde. Zum Abschluss der Feierlichkeiten lief das Segelschulschiff mit 35 Kursanten an Bord zu einem mehrwöchigen Seetörn nach Leningrad aus.
Während ihrer 30-jährigen Dienstzeit hatte das Segelschulschiff 36 UdSSR-Reisen unternommen und dabei 16mal den Hafen Leningrad angelaufen. Kapitän Helmut Stolle schätzte die damalige Ausbildung auf „seinem" Schiff wie folgt ein:
„Wer trotz aller seemännischen Härte diszipliniert und in enger Kameradschaft die oft körperlich schweren Segelmanöver beherrsche, der erlebe auch mit zunehmender Freude die Schönheit unseres Berufes. Der werde anschließend auch sicher über anwendungsbereite Fähigkeiten und Fertigkeiten verfügen, die ihn befähigen, seinen Dienst … in der Volksmarine zu erfüllen" (Poseidon, 5/1981).
Im Ausbildungsjahr 1980/81 fanden insgesamt zwölf Seetörns der Greifswalder GST-Schulschiffe statt, wobei die Besatzungen die Häfen Leningrad, Riga und Tallinn anliefen.
Aber die zahlreichen Seeeinsätze der Greifswalder Ausbildungsschiffe forderten technisch ihren Tribut. Da der Zustand des 1951 erbauten Motorschulschiffes „Artur Becker" den gestiegenen Anforderungen nicht mehr entsprach, waren entsprechende Werftarbeiten unbedingt erforderlich. Im Herbst 1981 wurde das Schiff in der Peenewerft Wolgast einer gründlichen Rekonstruktion und Modernisierung unterzogen, die rund 16 Monate dauerte.
Die 10. Tagung des ZV der GST befasste sich am 12. November mit den weiteren Aufgaben der Gesellschaft für Sport und Technik bei der vormilitärischen Ausbildung für die Laufbahnen der NVA in Vorbereitung des VII. Kongresses der GST. Daraus leiteten sich für die GST-Marineschule die weiteren Aufgaben ab, die der damalige Leiter der Abteilung Maritime Ausbildung beim ZV der GST, Kapitän zur See d. R. Siegfried Derno, formulierte:
„Wenn wir im Seesport maritim interessierte Jugendliche erfassen und ihnen ihrer Nei-

gung entsprechendes Tätigkeitsfeld bieten, dann ist unser Ziel, sie für den Dienst in den Einheiten der Volksmarine zu gewinnen. Dazu ist notwendig, aus ihrem Interesse Liebe zur Seefahrt, zum Seemannsberuf zu wecken und sie für das Leben und den Dienst auf See vorzubereiten" (Poseidon, 2/1981).
Zu den Ausbildungsdisziplinen an der GST-Marineschule gehörte wie bereits erwähnt auch eine solide Sporttaucherausbildung. Im Zusammenhang mit der forcierten Taucherausbildung in der GST fand vom 4. bis 6. November an der Greifswalder Marineschule eine Tagung der in der GST tätigen Tauchsportärzte unter Leitung des Chefarztes der GST, Medizinalrat Dr. Heiß, statt.
„Auf der Tagung wurden die gültigen Untersuchungsrichtlinien für Tauchsportler, das Barotrauma, der pneumatischen Räume des Gesichtsschädels sowie das Lungenbarotrauma diskutiert. Des Weiteren wurde ein Überblick über notwendige Maßnahmen bei Atem- und Herz-Kreislauf-Stillstand gegeben sowie im Ergebnis der Diskussionen Maßnahmen zur weiteren Arbeit auf dem Gebiet der Tauchsportmedizin festgelegt" (Poseidon, 6/1981).
Nach einer im Januar 1982 durchgeführten Personalanalyse waren an der GST-Marineschule Greifswald damals 48 politische Mitarbeiter mit einem Durchschnittsalter von 44 Jahren und 27 technische Mitarbeiter mit einem Durchschnittsalter von 47 Jahren, also insgesamt 75 Kameradinnen und Kameraden, beschäftigt. Darunter waren 40 Reservisten der NVA, davon 14 Offiziere, 15 Unteroffiziere und elf Soldaten.

VII. GST-KONGRESS - KOMPASS UND WEGWEISER

An der ganz im Zeichen der Vorbereitung auf den VII. Kongress der GST stehenden Weiterbildung an der Zentralschule der GST in Schönhagen in der Zeit vom 4. bis 15. Januar 1982 nahmen elf Lehrer und Schiffsoffiziere der GST-Marineschule „August Lütgens" teil. Das kurz darauf von der Volkskammer am 25. März beschlossene „Gesetz über den Wehrdienst in der DDR" wurde in den Organisations- und Ausbildungseinheiten der GST, so auch an der GST-Marineschule Greifswald erläutert.
„Die Diskussion darüber trug zur weiteren Klärung der Grundfragen der sozialistischen Militärpolitik und Landesverteidigung bei" (GST-Chronik 1987). Wenige Tage vor dem VII. Kongress war am 15. Juni der Stellvertreter des Ministers für Nationale Verteidigung und Chef der Volksmarine, Admiral Dr. Wilhelm Ehm, zu einem Informationsbesuch an der Marineschule. Nach der Begrüßung und Berichterstattung durch den Schulleiter, Kapitän zur See d. R. Wolfgang Riemer, besichtigte Admiral Ehm zunächst die Kabinette im neuen Schulgebäude und das Unterkunftsgebäude. Er äußerte sich zufrieden über die guten Ausbildungsmöglichkeiten an der Marineschule und das enge Zusammenwirken zwischen GST und NVA. Das Ausbilder- und Lehrerkollektiv bildete pro Jahr in 40 bis 42 Lehrgängen Offiziers-, Fähnrichs- und Unteroffiziersbewerber für den Dienst in der Volksmarine aus und qualifizierte Ausbilder für den See- und Tauchsport. Beim anschließenden Besuch des Segelschulschiffes wurden zwanglose Gespräche zwischen dem Chef der Volksmarine und Lehrgangsteilnehmern des VEB Deutfracht Seereederei Rostock geführt, die sich auf ihre Ostseeausbildungsfahrt vorbereiteten.
Der vom 25. bis 27. Juni in Cottbus stattfindende VII. GST-Kongress zog Bilanz über das Erreichte und formulierte die neuen höheren Aufgaben für die kommende Zeit. Zugleich

präzisierte er den gesellschaftlichen Auftrag der GST, der unter anderem darin bestand: „... zur Stärkung des Sozialismus und Sicherung des Friedens beizutragen, indem durch die wehrpolitische Erziehung, die vormilitärische Ausbildung und den Wehrsport die Entwicklung sozialistischer Persönlichkeiten gefördert wird ... Die Hauptrichtung der Tätigkeit der GST ist die Vorbereitung der Jugendlichen auf den Wehrdienst." (GST-Chronik 1987).
Die Bedeutung des VII. GST-Kongresses wurde dadurch hervorgehoben, dass an ihm der Minister für Nationale Verteidigung der DDR, Armeegeneral Heinz Hoffmann (1910-1985), der 1. Sekretär des Zentralrats der FDJ Egon Krenz (*1937) und der Vorsitzende des Zentralkomitees der sowjetischen DOSAAF, Held der Sowjetunion, Flottenadmiral G. M. Jegerow, teilnahmen.
Die Arbeit der GST-Marineschule und die jährlichen Ostseeausbildungsfahrten ihrer Schulschiffe standen im Zeichen der Verwirklichung der Beschlüsse des VII. GST-Kongresses und der Vorbereitung des 30. Jahrestages der DDR. Die Greifswalder Marineschule besaß eine hohe Wertigkeit im gesellschaftlichen Leben der DDR. „Unsere Marineschule `August Lütgens` ... ist eine moderne Ausbildungsstätte für den maritimen Bereich. Von dort aus werden in den kommenden Jahren weitere Impulse für die Ausbildung und Qualifizierung von Ausbildern, für die Vorbereitung zukünftiger Offiziere und Unteroffiziere der Volksmarine und die militärischen Lehrgänge für die Laufbahnausbildung ausgehen müssen. Das Kollektiv der Marineschule wird sich dieser Aufgabe mit Initiative und Tatkraft stellen" (Poseidon, 4/1982).
Der Leiter der GST-Marineschule, Studienrat Wolfgang Riemer, erhielt während der Festveranstaltung anlässlich des 30. Geburtstages der GST am 1. August in Anerkennung seiner Verdienste den „Vaterländischen Verdienstorden" in Bronze verliehen.
Am 23. Oktober nutzten die Mitarbeiter der Marineschule den GST-Subbotnik als freiwilligen Arbeitseinsatz zur Wintervorbereitung des Schulobjektes und der Schulschiffe, die im Oktober ihre letzten Seetörns beendeten.
Am 24. November fand die 2. Tagung des ZV der GST statt, an der Generaloberst Heinz Kessler, Stellvertreter des Ministers für Nationale Verteidigung der DDR und Chef der Politischen Hauptverwaltung der NVA, zugegen war. Die Tagung orientierte auf das aktive Mitwirken der GST im „Friedensaufgebot der FDJ" und löste personelle Fragen:
Anstelle des plötzlich verstorbenen langjährigen GST-Vorsitzenden Günther Teller, trat nun auf Vorschlag des Zentralvorstandes der GST, Vizeadmiral Günter Kutzschebauch (1930-1996), bisheriger Stellvertreter des Chefs der Volksmarine und Chef der Politischen Verwaltung der Volksmarine, das Amt des neuen GST-Vorsitzenden an. Er stand der GST bis zu ihrer Auflösung im Januar 1990 vor.

KARL MARX ALS JAHRESPATRON

Das Jahr 1983 stand im gesellschaftlichen Leben der DDR im Zeichen des 100. Todestages von Karl Marx (1818-1883), dem Begründer des „wissenschaftlichen Sozialismus", seine Theorien prägten die DDR. Seinen Namen trugen Arbeitskollektive, Betriebe, Schulen, Straßen, eine Stadt, Schiffe der Handels- und Volksmarine usw. Auch in der GST, so auch an der Greifswalder Marineschule, fühlte man sich ihm verpflichtet.
Der 24. Januar stellte den ersten Höhepunkt im „Karl-Marx-Jahr" an der GST-Marineschule

dar. Nach seiner etwa 16monatigen Werftliegezeit in Wolgast lief an diesem Tag das Motorschulschiff „Artur Becker" im neuen Gewand wieder im Heimathafen Greifswald-Wieck ein. Das Schiff hatte neue Aufbauten bekommen, sodass nun mehr Raum für Ausbildungszwecke und die Freizeit zur Verfügung standen. Die Ruderanlage wurde erneuert und ein Kursschreiber eingebaut. Das alte Ladegeschirr war durch ein hydraulisches Hebezeug ersetzt worden. Die Schiffsmaschinenanlage hatten die Wolgaster entsprechend modernster Erfordernisse umgebaut. Es entstanden dadurch der „unbesetzte Maschinenraum" und der „Betriebsüberwachungsraum". Die für den Schiffsmaschinenbetrieb erforderlichen Hilfsanlagen wurden automatisiert installiert und der Komplex „Tauchertechnik" tief greifend verbessert. Dadurch verfügte das Schiff nun über zwei Hochdruckverdichter mit einer Gesamtleistung 15 m^3 atembarer Druckluft, eine Flaschenbatterie zur Sicherstellung der Luftversorgung aus einer sowjetischen Dekompressionskammer bis zu 100 m „Tauchtiefe", einen Luftvorwärmer zur Versorgung schwerer Taucher und eine Fülleiste (sechs Stationen) für Schwimmtauchgeräte. Ein separater ärztlicher Behandlungsraum wurde eingerichtet und die Kombüse modernisiert (vgl. Poseidon, 4/1982).
Die Stammbesatzung äußerte sich seinerzeit so:
„Mit dem neuen Schiff werden wir in der Lage sein, den Forderungen des VII. Kongresses der GST gerecht zu werden. Wir sind uns der Wertschätzung unserer Arbeit, dokumentiert durch den Umbau des Schiffes, bewusst und bereit, mit der neuen `Artur Becker` die uns gestellten Aufgaben zur Vorbereitung der Kameraden auf ihren Ehrendienst zu erfüllen" (Poseidon, 4/1983).
Im Februar tagte die Zentrale Taucherprüfungskommission (ZTPK) des Seefahrtsamtes der DDR an der Marineschule. Sie führte für Schwimm- und Helmtaucher aus verschiedenen Betrieben und Einrichtungen der DDR einen Weiterbildungslehrgang mit Wiederholungsprüfung durch.
Zur „Woche der Waffenbrüderschaft" besuchten am 25. Februar zwölf Vertreter aus den Armeen des Warschauer Vertrages, die an einer medizinischen Tagung der Militär-Medizinischen-Sektion (MMS) der Ernst-Moritz-Arndt-Universität Greifswald teilgenommen hatten, die Marineschule.
Am 7./8. April informierten sich Vertreter der zentralen Presseorgane und des Allgemeinen Deutschen Nachrichtendienstes (ADN) auf Einladung des ZV der GST bei einem Arbeitsbesuch über die Marineschule, besichtigten dabei das Schulobjekt und die Schulschiffe und nahmen an Ausbildungsveranstaltungen teil.
Am 27. April stellte die Schulleitung im Beisein von Gästen des Territoriums, der Nationalen Volksarmee und des Zentralvorstandes der GST die umgebaute und modernisierte „Artur Becker" für die Ausbildung wieder in Dienst.
Die 3. Tagung des ZV der GST am 11. Mai befasste sich mit den Aufgaben im kommenden Ausbildungsjahr.
„Dabei ging es in erster Linie um eine qualifizierte Vorbereitung der künftigen Soldaten, Unteroffiziere, Fähnriche und Offiziere auf ihren Dienst in der NVA und in den Grenztruppen der DDR" (GST-Chronik 1987).
In diesem Jahr fand in der Zeit vom 8. bis 20. Mai der nunmehr 15. Zentrale Militärische Lehrgang an der GST-Marineschule statt. Sein Ziel stellte an die Lehrgangsteilnehmer hohe Anforderungen. „Besonders die gewachsenen Anforderungen, die an Kampfkraft und Gefechtsbereitschaft der Volksmarine gestellt werden, ergeben für uns die Verpflichtung, die

vormilitärische Laufbahnausbildung Matrosenspezialist mit noch höherem Niveau durchzuführen" (Poseidon, 2/1983).
Die neuen und höheren Aufgaben erforderten an der GST-Marineschule eine Strukturveränderung. Der bisherige Bereich Finanzen/Wirtschaft unter Leitung des Stellvertreters des Leiters für Wirtschaft, Frau Gertrud Schuster, wurde aufgelöst und daraus die neuen Bereiche Finanzen, Technik/Ausrüstung und Versorgung gebildet. Gertrud Schuster war für den Bereich Finanzen verantwortlich, Roland Müller für Technik/Ausrüstung und Thomas Arlt für die Versorgung.
In den Monaten Mai bis September befanden sich alle drei Schulschiffe mit Offiziersbewerbern für die Volksmarine an Bord auf Ostseetörns und liefen dabei die sowjetischen Häfen Leningrad, Riga, Tallinn, Ventspils und Klaipeda (Memel) sowie den polnischen Hafen Gdynia an.
Zwischenzeitlich – am 1. August – fand aus Anlass des 50. Jahrestages der Ermordung August Lütgens, eine große Musterung statt. Den Höhepunkt bildete dabei die Verabschiedung des Segelschulschiffes „Wilhelm Pieck" unter Kapitän Helmut Stolle mit 33 jungen Offiziersbewerbern der Offiziershochschule (OHS) „Karl Liebknecht" Stralsund an Bord zur Ausbildungsfahrt ins litauische Klaipeda. Zuvor war der Stammbesatzung des Segelschulschiffes durch den DSF-Kreisvorstand die „Ehrenurkunde des Zentralvorstandes der DSF" überreicht worden.
Der Verfasser, der als damaliger ehrenamtlicher GST-Ausbilder der Betriebsberufsschule „Dr. Salvador Allende" Greifswald des Ingenieur-, Tief- und Verkehrsbaukombinates Rostock (ITVK) an dieser Fahrt als Assistent der Schiffsleitung teilnahm, berichtete über seine Eindrücke an Bord und in Litauen in der Zeitschrift „Litauen heute", Nr. 24/1984, unter anderem:
„... entlang der Kurischen Nehrung rückte unser Bestimmungshafen Klaipeda immer näher. Hier erwarteten uns bereits ungeduldig die Vertreter des Klaipedaer Stadtkomitees der DOSAAF unter Leitung ihres Vorsitzenden Vincas Pilkauskas. Die Freunde der DOSAAF hatten für uns ein umfangreiches Programm organisiert: Kranzniederlegungen am Leninmonument und auf dem Heldenfriedhof (bei Besuchen sowjetischer Häfen gehörten diese Rituale immer dazu), Besuch der Fischereischule, der Fliegerschule der DOSDAAF und des Meeresmuseums, des Interclubs der Seeleute, der Schiffsgaststätte `Regatta` und des hiesigen Möbelkombinates zum Ball der Komsomolzen. In herzlichen Worten kam immer wieder zum Ausdruck, dass unser Aufenthalt in Klaipeda und unser gegenseitiger Erfahrungsaustausch, untermauert mit zahlreichen gemeinsamen Veranstaltungen, echt deutsch-sowjetisch-litauische Freundschaft in Aktion war".
An diesem Ostseetörn nahmen als Gäste auch der Berliner Grafiker Hans Räde und der Reporter Karl-Heinz Tesch vom Staatlichen Rundfunkkomitee der DDR teil. Der erlebnisreiche Seetörn endete mit dem Einlaufen des Segelschulschiffes in den Heimathafen Greifswald-Wieck am 15. August.
Einen Tag zuvor besuchte auf Einladung des Vorsitzenden ZV der GST, Vizeadmiral Günter Kutzschebauch, der Politische Ausschuss des Zentralvorstandes der Liberal-Demokratischen-Partei-Deutschlands (LDPD) mit dem Parteivorsitzenden und Stellvertreter des Vorsitzenden des Staatsrates der DDR, Professor Dr. Manfred Gerlach (*1928), der spätere vorletzte Staatsratsvorsitzende (Staatsoberhaupt) der DDR, die Marineschule. Die Gäste, die von Günter Kutzschebauch begleitet wurden, informierten sich an Ort und Stelle über die

Arbeit der GST nach ihrem VII. Kongress, insbesondere über die Aus- und Weiterbildung künftiger Matrosenspezialisten und Offiziere der Volksmarine. Die Gäste konnten sich ein umfassendes Bild von den Ausbildungsmöglichkeiten an Land und an Bord machen.
Auf einem Forum mit Lehrgangsteilnehmern legte Professor Gerlach den Standpunkt der Blockpartei LDPD zu Fragen der Landesverteidigung dar.
„Die LDPD handelt auch in dieser Frage als Bündnispartner der Partei der Arbeiterklasse. Wir wollen nicht nur die Vorzüge des Sozialismus genießen, sondern stellen uns auch den Pflichten, die aus dem Aufbau und dem Schutz unserer Staats- und Gesellschaftsordnung erwachsen. Aus diesem Grunde seien auch viele Mitglieder der LDPD als Funktionäre und Ausbilder in der GST aktiv" (Poseidon, 1/1984).
Nach der Ausfahrt mit den Motorschulschiffen „Ernst Thälmann" und „Artur Becker" trugen sich die hohen Besucher in das Gästebuch der Marineschule ein: „Der heutige Besuch gab unserer freundschaftlichen Zusammenarbeit mit der GST neue Impulse und vermittelte zahlreiche Anregungen für unsere politische Arbeit zur weiteren Förderung der Wehrbereitschaft aller Liberaldemokraten".
Die 4. Tagung des ZV der GST vom 10. November, an der der Schulleiter Wolfgang Riemer teilnahm, befasste sich mit den Aufgaben zur Erhöhung des Niveaus und der Wirksamkeit der politisch-ideologischen Arbeit in der GST. Vizeadmiral Kutzschebauch hob hervor:
„... dass die politisch-ideologische Arbeit in der GST zunehmend dazu beitragen muss, die Wehrbereitschaft der Bürger der DDR zu fördern und bei den künftigen Soldaten den Willen auszuprägen, sich als standhafte Verteidiger des Sozialismus zu bewähren" (GST-Chronik 1987).
Demzufolge fand vom 24. bis 29. November unter Schirmherrschaft des ZV der GST an der Marineschule eine Tagung von Journalisten der Wehrsportorganisationen der sozialistischen Länder statt. Sie stellte zugleich die 3. Internationale Beratung von Vertretern der Wehr- und Sportorganisationen sozialistischer Länder dar. Die Pressevertreter der Bruderorganisationen hatten und nutzten die Gelegenheit, die Tätigkeit der GST kennenzulernen. Während dieser Zeit fand im Traditionszimmer der Marineschule eine Kunstdiskussion mit dem bekannten Greifswalder Maler und Grafiker Helmut Maletzke (*1920) statt, in der etwa 20 Ausbilder, Lehrer und Schüler über seine Federzeichnungen maritimen Inhalts fachsimpelten, die der Künstler für das bevorstehende 30. Jubiläum der Marineschule schuf. „Schüler wie Ausbilder stellten fest, dass diese Arbeiten jenen, optimistischen Geist ausstrahlen, den junge Seesportler bei jedem Lehrgang immer wieder neu mit an die Schule bringen, dass jedes Blatt in harmonisch abgestimmten Nuancen sachliche Schulatmosphäre und maritime Romantik vermittelt, dass selbst Sachdarstellungen einen Hauch von Leben enthalten" (Poseidon, 3/1984).
Am 15. November 1984 führten leitende Offiziere der OHS Stralsund und der Flottenschule Parow der Volksmarine mit den Führungskräften der GST-Marineschule eine Jahresauswertung über die absolvierten Lehrgänge des Berufsnachwuchses für die Volksmarine im Ausbildungsjahr 1983/84 durch, die von einem wertvollen Erfahrungsaustausch begleitet war. Die Arbeit der Marineschule wurde in dieser Hinsicht als sehr gut eingeschätzt. Zugleich erörterte Oberst Rudolf Pitschel mit den Stellvertretern des Leiters der Marineschule und den Kapitänen der GST-Schulschiffe anstehende Aufgaben und Probleme. Wenige Zeit danach (26. November) schied der verdienstvolle und langjährige Stellvertreter für Ausbildung Wilfried Ehrlich, der seit 1956 an dieser maritimen Ausbildungsstätte arbei-

tete, aus dem Leitungskollektiv der Schule aus, um eine verantwortungsvolle Tätigkeit im Staatsapparat der Kreisstadt Bergen auf der Insel Rügen zu übernehmen.
Auf der am 6. Dezember einberufenen Tagung der „Kommission Seesport" des ZV der GST unter Leitung von Rolf Willing, Abteilungsleiter für maritime Ausbildung des ZV der GST, stimmte man den Vorschlag zu, die „XXX. DDR-Meisterschaften im Seesportmehrkampf" vom 20. bis 24. Juli 1984 an der Greifswalder Marineschule durchzuführen.

DER 30. JAHRESTAG DER GST-MARINESCHULE

Zu Beginn des Jahres 1984 bildete sich am 7. Januar der Organisationsstab für die XXX. DDR-Meisterschaften im Seesportmehrkampf. Am 25. Januar fand an der Marineschule eine gesellschaftswissenschaftliche Schulung statt, die sich unter anderem mit der 9. Tagung des Zentralrats der FDJ beschäftigte, wobei es um politisch-ideologische Fragen der Jugend ging. Diese Schulung war eine Vorbereitung der Mitarbeiter der Marineschule auf die Ideologische Konferenz des ZV der GST am 10./11. Februar an der Militärpolitischen Hochschule der NVA „Wilhelm Pieck" in Berlin. Die Konferenz stand unter dem Thema: „Die weiteren Aufgaben zur Erhöhung des Niveaus der politisch-ideologischen Arbeit der GST."
Von Seiten der GST-Marineschule waren vertreten: Kapitän zur See d. R. Wolfgang Riemer; der Stellvertreter des Leiters für Politische Arbeit, Fregattenkapitän d. R. Bernhardt Mühlpfordt und Heinz Dorn, Hauptfachlehrer.
Über die Umsetzung der Forderungen und Hinweise dieser Konferenz im maritimen Bereich beriet am 16./17. Februar eine Aktivtagung der Abteilung Maritime Ausbildung des ZV der GST unter Leitung von Rolf Willing. Diese Tagung war durch die Beschäftigten der GST-Marineschule organisatorisch und technisch sichergestellt worden. An ihr nahmen Ausbilder und Übungsleiter, Kommissionsvorsitzende, haupt- und ehrenamtliche Funktionäre aller Ebenen teil. „Schwerpunkt der Beratung waren der Erfahrungsaustausch zur weiteren Erhöhung der Effektivität und Qualität in der vormilitärischen Laufbahnausbildung, die Führung des sozialistischen Wettbewerbs, die weitere Entwicklung des See- und Tauchsports in der GST bis zum VIII. Kongress und organisatorische Fragen hinsichtlich der allgemeinen Verbesserung unserer Arbeit" (Poseidon, 2/1984).
Am 6. Mai führte man an der GST-Marineschule zum ersten Mal einen „Tag der Öffentlichkeitsarbeit" durch. Zu einer Filmdiskussion trafen sich am 11. Mai Dr. Helmut Sieger vom Zentralvorstand der GST, Vertreter der staatlichen und der Parteileitung der Schule sowie Beauftragte des Fernsehfunks der DDR. Zum Film „Vor dem Wind sein", der die maritime Ausbildung der GST beinhaltete und am 29. Februar d. J. zum ersten Mal gesendet wurde, fand ein sachlicher und kritischer Meinungsstreit statt.
Ebenfalls wurden im Mai an der Marineschule zusätzlich 15 Kutter ZK- 10 GUP mit kompletter Ausrüstung stationiert, die bei Bedarf an Seesportler der Bezirksorganisationen der GST ausgeliehen wurden, um auf diese Weise unkompliziert und effektiv Seesporttouristik in den inneren Seegewässern der DDR zu ermöglichen.
Am 15. Juni wurde an der Marineschule ein politisch-ideologisches Kolloquium einberufen. Gegenstand war die Thematik: „Formen und Methoden für eine weitere Erhöhung der Wirksamkeit der kommunistischen Erziehung und Ausbildung im Interesse der Vorbereitung der Jugendlichen auf den Ehrendienst in der Volksmarine".

Daran nahmen Vertreter des Zentralvorstandes, der Bezirksvorstände (BV) der GST, des Kommandos Volksmarine, der OHS „Karl Liebknecht" Stralsund und der Flottenschule Parow sowie Vertreter von Einrichtungen des Territoriums teil.
Im Verlauf des Monats Juni wurden anlässlich des 30. Jahrestages der Marineschule weitere Fachkabinette ihrer Bestimmung übergeben, so das „Volksmarinekabinett". Das „Schiffsführungskabinett" hingegen erhielt eine Kreisel- und Fahrtmessanlage, ein Echolot und Echographenanlage.
Der Schulleiter, Studienrat Wolfgang Riemer, formulierte deshalb zum 30. Jubiläum der GST-Marineschule stolz:
„Unsere Schulschiffe sind uns gute Lehrbasen für die Erfüllung unserer Lehrprogramme auf politischem und fachlichem Gebiet. Unter Führung unserer Parteiorganisation hat die Marineschule stets ihre Aufgaben erfüllt, wurde zum wiederholten Male als `Beste Schule im Ausbildungsjahr` ausgezeichnet ... Wir sind bereit, neue und größere Aufgaben im Interesse des Schutzes unseres Vaterlandes und des Friedens, zur weiteren Festigung der entwickelten sozialistischen Gesellschaft in der DDR zu übernehmen" (Poseidon, 4/1984).
Der Auftakt zu den Feierlichkeiten des 30. Geburtstages der Marineschule begann bereits am 22. Juni. An diesem Tag fand eine festliche Veranstaltung statt, in der Oberst Rolf Pitschel vom ZV der GST den Weg der maritimen Ausbildungsstätte von der Hochseejachtstation bis zur GST-Marineschule würdigte. Im Auftrag des Ministers für Nationale Verteidigung der DDR zeichnete der Stellvertreter des Chefs der Volksmarine, Konteradmiral Lothar Heinecke, die Schule mit dem Kampforden „Für Verdienste um Volk und Vaterland" in Bronze aus.
Am 2. Juli nahm die Schulleitung die Gratulationen zum 30. Jubiläum entgegen. Zahlreiche Vertreter der SED-Kreisleitung und des Staatsapparates, der gesellschaftlichen Institutionen und der NVA überbrachten die Grüße und Glückwünsche ihrer Kollektive.
Der Monat Juli gestaltete sich für Greifswald, seine Marineschule und zahlreiche Gäste zu einem sportlichen Höhepunkt. Am 20. Juli fand auf dem Platz der Freundschaft, der Marktplatz, die feierliche Eröffnung der XXX. Meisterschaften der DDR im Seesportmehrkampf statt. Für die organisatorische und materiell-technische Absicherung zeichnete die GST-Marineschule verantwortlich. Mehr als 400 Aktive aus allen Bezirken der DDR wetteiferten vom 20. bis 24. Juli in Greifswald um höchste sportliche Ergebnisse. Unterkunft und Verpflegung fanden die Seesportler in den Internaten der Betriebsberufsschulen des VEB Nachrichtenelektronik und des Ingenieur-, Tief- und Verkehrsbaukombinates Greifswald. Auch die Wettkampfstätten – Schwimmhalle und Volksstadion – bewährten sich. Die Segelwettbewerbe wurden auf der Dänischen Wiek ausgetragen, von den Zuschauern von der Wiecker Mole mitverfolgt.
„Die Kurse hatten es ganz schön in sich. Es wehte ordentlicher Wind, der oft Richtung und Stärke wechselte. In Ufernähe war das Wasser ziemlich flach und verkrautet. Da musste man schon segeln können" (Poseidon, 5/1984).
Das 10.000-Meter-Kutterrennen fand auf dem Ryck zwischen Marineschule und Stadthafen statt. Erstmalig war im Seesportmehrkampf eine Klasse Reservisten ausgeschrieben, die in elf Bezirksmannschaften und einer Mannschaft der Armeesportgemeinschaft „Volksmarine" starteten.
In der Gesamtwertung erreichten Leipzigs Reservisten den 1. Platz, die Potsdamer den 2. und die Magdeburger den 3. Platz.

Bei den Junioren waren zwölf Mannschaften vertreten. Leider mussten die leistungsstarken Rostocker und Erfurter wegen Nichteinhaltung des Reglements vom Wettkampf ausgeschlossen werden. Die Junioren aus Karl-Marx-Stadt errangen in der Gesamtwertung des 1. Platz, die Cottbusser den 2. und die Berliner den 3. Platz. In der Seniorenklasse gingen 13 Bezirksmannschaften und eine der Volksmarine an den Start. Die Volksmarine erkämpfte sich hierbei den 1. Platz, Rostock den 2. und Cottbus den 3. Platz. In der Klasse der Frauen beteiligten sich sieben Bezirke und eine Mannschaft der Volksmarine. Den 1. Platz errangen die Cottbusser Seesportlerinnen, die Leipziger den 2. und die Sportlerinnen der Volksmarine den 3. Platz. (vgl. Poseidon, 5/1984).

Während des „Greifswalder Seesportjahres" befanden sich alle Schulschiffe der GST-Marineschule mit Offiziersbewerbern an Bord auf Ausbildungsfahrten in der Ostsee und waren als Gäste in den Häfen Ventspils, Tallinn, Klaipeda und Riga. Über die Reise des Segelschulschiffes vom 1. bis 11. August nach Klaipeda, berichtete der Verfasser, der daran erneut als Assistent der Schiffsleitung teilnahm, in seinem Reisebericht an die Schulleitung: „An Bord befanden sich 11 Mann Stamm, 2 Assistenten und 23 Kursanten. Die Parteigruppe der Kursanten bestand aus 20 Genossen … Zu den ersten Maßnahmen in gesellschaftlicher Hinsicht gehörte das Erstellen einer Bordwandzeitung unter der Thematik „35 Jahre DDR – 33 Jahre Segelschulschiff `Wilhelm Pieck`" sowie das Erarbeiten eines abrechenbaren Kampfprogramms der Kursanten. Die Belegarbeiten im theoretischen Unterricht erbrachten einen Leistungsdurchschnitt von 1,6 (10 x 1, 11 x 2, 2 x 3) in der Benotung …"

Die Stammbesatzung des Segelschulschiffes setzte sich wie folgt zusammen: Kapitän, 3 Nautische Offiziere (I., II. u. III.), 2 Technische Offiziere (Chief, I. TO), Koch, Oberbootsmann, 3 Bootsleute. Schiffsarzt, Politoffizier und Betreuer der OHS fuhren bei Bedarf mit.

Am 8. September besuchten Gäste aus dem westlichen Ausland zum ersten Mal die GST-Marineschule. Es handelte sich um die Besatzungen der Schulschiffe „Cladan" und „Falke" der königlich-schwedischen Marine unter der Leitung von Korvettenkapitän Bengt O. Malm, die zuvor zu einem Besuch der Volksmarine im Rostocker Hafen festgemacht hatte. In Begleitung führender Offiziere des Kommandos Volksmarine statteten die schwedischen Marineangehörigen der Greifswalder GST-Marineschule einen Informationsbesuch ab und besichtigten die Lehreinrichtung und das Segelschulschiff „Wilhelm Pieck".
Der Monat November bedeutete für die Beschäftigten der Marineschule die Jahresauswertung hinsichtlich der absolvierten Lehrgänge des Berufsnachwuchses für die Volksmarine im Ausbildungsjahr 1983/84 und der kommenden Aufgaben, die die erweiterte 6. Tagung des ZV der GST vom 27. November stellte.
In einem Brief an den Generalsekretär des ZK der SED und Staatsratsvorsitzenden der DDR, Erich Honecker, versicherten die Tagungsteilnehmer:
„... dass die GST die ihr übertragenen Aufgaben bei der Vorbereitung des XI. Parteitages mit Elan und unter Einsatz aller Kräfte gewissenhaft erfüllen wird" (Poseidon, 1/1985).
Am Ende des Jahres 1984 konnte an der Marineschule unter anderem verzeichnet werden, dass sich 130 Besuchergruppen mit 3.768 Personen aus den verschiedensten gesellschaftlichen Einrichtungen und der NVA über Profil und Aufgaben der Greifswalder maritimen Ausbildungsstätte informierten.

MARITIME TRADITIONSPFLEGE UND DIE JAHRE 1985-86

Aus Anlass des 40. Jahrestages der Befreiung vom Hitlerfaschismus fand am 6./7. Februar 1985 an der Marineschule eine gesellschaftswissenschaftliche Schulung statt. Es wurde festgelegt, dass aus diesem Anlass durch die Besatzungen der Greifswalder GST-Schulschiffe einschließlich der Hochseejacht „Ernst Schneller" auf Ausbildungsfahrten in der Ostsee den gefallenen Seeleuten der Baltischen Rotbannerflotte maritime Ehrenbezeugungen zu erfolgen haben.
Das Ziel bestand darin, mit der Ehrung von Heldentaten Angehöriger der Baltischen Rotbannerflotte der UdSSR während des Großen Vaterländischen Krieges durch Schulschiffe der GST „... die lebendige Bewahrung revolutionärer wehrhafter und militärischer Traditionen in der GST zu pflegen", wie es später auch in der Anordnung Nr. 05/1986 des Vorsitzenden des ZV der GST vom 12. November 1986 festgelegt wurde:
„Eine Kabellänge vor der Position der Heldentat ist `Front` zu pfeifen und die Flagge zu dippen. An Staatsfeiertagen und Jubiläen ist auf besondere Weisung die Ehrenbezeugung mit dem Absenken eines Blumengebindes ins Meer zu verbinden". An sieben Orten der Ostsee wurden von den Besatzungen der Greifswalder GST-Schulschiffe Ehrenbezeugungen erwiesen:
1. Beim Passieren des Meridians des Leuchtturms Due Odde auf der Insel Bornholm;
2. Beim Passieren der Verbindungslinie zwischen den Leuchttürmen Taran und Rozewie an der Frischen Nehrung;
3. Beim Passieren des Breitenparallels des Leuchtturms Liepaja –Baka an der lettischen Küste;
4. Beim Durchfahren der Irben-Strasse auf dem Meridian des Leuchtturms Sörve auf der

Insel Saarema;
5. Beim Passieren des Meridians des Leuchtturms Tallins an der estnischen Küste;
6. Beim Passieren des Meridians des Leuchtturms auf der Insel Moschtschny (früher Lavensaari) im Finnischen Meerbusen
7. Beim Passieren des Meridians des Leuchtturms Tollbuchin vor der Einfahrt Leningrad.
Auf allen drei Schulschiffen fertigten die Stammbesatzungen Wandkarten mit diesen Kampfstätten der Baltischen Flotte an.
Die Kollektive der Marineschule berieten am 23. Februar über die weiteren Vorbereitungen des 40. Jahrestages der Befreiung und die bevorstehenden Ausbildungsfahrten der Schulschiffe nach Riga. Dabei wurde die Aktion „40 Seemannsgeschenke für unsere Freunde zum 40. Jahrestages des Sieges und der Befreiung" ins Leben gerufen. Im Rahmen der Vorbereitungen auf dieses bedeutsame politische Jubiläum besuchte der Hauptinspekteur der NVA, Generalleutnant Heinz Handke (* 1927), in Begleitung von Oberst Rolf Pitschel vom ZV der GST am 12. April die Marineschule.
Anlässlich des 40. Jahrestages der kampflosen Befreiung und Übergabe der Stadt Greifswald durch Oberst Rudolf Petershagen (1901-1969) fand an der Marineschule ein Meeting statt, in dessen Anschluss wurde ein Dokumentarfilm über diese Ereignisse vorgeführt.
Am 27. Juni besuchten zum ersten Mal syrische Militärs, die an der Offiziershochschule der Volksmarine in Stralsund studierten, die GST-Marineschule. Am 7. Juni 1985 war die am 1. November 1984 begonnene Werftliegezeit in der Rostocker Neptunwerft beendet. Während der Werftliegezeit erbrachte die Stammbesatzung Eigenleistungen im Wert von etwa 10.000 DDR-Mark.
Am 12. Juli verabschiedete Oberst Rolf Pitschel während einer großen Musterung den Greifswalder GST-Schulschiffverband, der unter dem Kommando von Kapitän zur See d. R. Wolfgang Riemer stand, zur Ausbildungs- und Freundschaftsfahrt nach Riga. Die „40 Seemannsgeschenke" für die Freunde der DOSAAF gingen mit auf Fahrt. Mit dem maritimen Zeremoniell der GST-Schulschiffe zu Ehren der gefallenen sowjetischen Seeleute in der Irben-Straße südlich der Insel Saarema während des Großen Vaterländischen Krieges leitete die Greifswalder Marineschule eine neue Linie der Traditionsarbeit ein. Des Weiteren überreichte der Kapitän des Segelschulschiffes Helmut Stolle im Auftrag des Kreisvorstandes der DSF Greifswald bei dem Aufenthalt in Klaipeda am 7. September dem dortigen Vorsitzenden des DOSAAF-Stadtkomitees Vincas Pilkauskas, für seine Verdienste in der Zusammenarbeit im Sinne der deutsch-sowjetischen Freundschaft die „Ehrenurkunde des Zentralvorstandes der Deutsch-Sowjetischen Freundschaft".
Zu einer erneuten Beratung über Traditionspflege trafen sich am 18. Oktober die Mitglieder der Zentralleitung der antifaschistischen Widerstandskämpfer unter ihrem Vorsitzenden Otto Funke (1915-1997).
„Sie überzeugten sich in Begleitung des Vorsitzenden des ZV der GST, Vizeadmiral Kutzschebauch, von den Vorhaben und Leistungen künftiger Matrosenspezialisten der Volksmarine in Vorbereitung auf den XI. Parteitag der SED und auf den bevorstehenden 30. Jahrestag der Gründung der Nationalen Volksarmee. Eine Arbeitsberatung, aber auch eine feierliche Musterung, Schiffsbesichtigungen, so auch auf dem Segelschulschiff, ein Rundgang durch das Traditionszimmer der Schule, durch Ausbildungskabinette sowie eine Fahrt auf der \`Ernst Thälmann\` gemeinsam mit den Ausbildungsteilnehmern standen auf dem Programm. Höhepunkt war zweifelsohne die Verleihung der Fahnenschleife und der

Ehrenplakette des Komitees durch Otto Funke an die Marineschule" (Poseidon, 1/1986). Die 8. Tagung des ZV der GST beriet am 25. November über die bisherigen Ergebnisse in der „GST-Initiative XI. Parteitag der SED". Dabei nahmen die Ausführungen zur maritimen und Taucherausbildung breiten Raum ein. Während in der vormilitärischen Ausbildung jeder dritte Kamerad die anspruchsvollen Bedingungen für das Bestenabzeichen der GST

errang, waren es in der Laufbahnausbildung „Taucher" 46% der Teilnehmer und bei den „Matrosenspezialisten" 40%. Dabei wurde die enge Zusammenarbeit zwischen den Bezirksvorständen der GST im Komplex „Ausbildung auf Schulschiffen" lobend hervorgehoben. Am 5. Dezember wertete der Schulleiter die 8. ZV-Tagung aus und orientierte auf die neuen Aufgaben im kommenden Jahr.
Zu Ehren des 110. Geburtstages von Wilhelm Pieck fand am 3. Januar an der Marineschule ein Meeting statt, das die Stammbesatzung des Segelschulschiffes organisiert hatte.
Zum 30. Jahrestag der NVA an 1. März 1986 übermittelte die Leitung der GST-Marineschule den Angehörigen der NVA im Standort Greifswald und den Lehreinrichtungen der Volksmarine Stralsund die herzlichsten Glückwünsche. In dem Zusammenhang führte die Stammbesatzung des Motorschulschiffes „Ernst Thälmann" am 4. März mit Offizieren der 1. Flottille der Volksmarine Peenemünde einen gemeinsamen „Thälmannabend" zu Ehren des bekannten deutschen Arbeiterführers durch, dessen 100. Geburtstag 1986 begangen wurde.
Im Rahmen der Patenschaftsbeziehungen zwischen dem Segelschulschiff „Wilhelm Pieck" und der Polytechnischen Oberschule (POS) „Wilhelm Pieck" in Abtshagen bei Stralsund besuchten am 28. März etwa 200 Schüler und Lehrer dieser Schule die Greifswalder maritime Ausbildungsstätte und besichtigten die Lehrbasis und weitere Einrichtungen.
Das gesamte Jahr 1986 war geprägt durch den vom 17. bis 21. April in Berlin stattfindenden XI. Parteitag der SED. Der Generalsekretär des ZK der SED und Staatsratsvorsitzende

Erich Honecker (1912-1994) gab dabei auch die Richtung und das Ziel für die Arbeit der GST vor, indem er unter anderem formulierte:
„Heute stellt der militärische Schutz des Sozialismus höhere Anforderungen an die politisch, ideologische und physische Vorbereitung auf den Wehrdienst, an die Sicherung des militärischen Berufsnachwuchses und an die Wehrfähigkeit der Reservisten. Alle vor dem Wehrdienst stehenden Jugendlichen und Reservisten sollten sich aktiv an der vormilitärischen Ausbildung und am Wehrsport beteiligen. In bewährter Weise fördert die Gesellschaft für Sport und Technik als sozialistische Wehrorganisation der DDR die Wehrbereitschaft der Bürger". Wie überall in der DDR, begannen auch die Mitarbeiter der Marineschule, diese Beschlüsse in die Tat umzusetzen. „Die Lehrer, Kapitäne, Schiffsoffiziere und Bootsleute der GST-Marineschule `August Lütgens` konnten zum XI. Parteitag der SED gute Ergebnisse abrechnen ... und (haben) sich im Wettbewerb `GST-Verpflichtung XI. Parteitag der SED` ebenfalls viel vorgenommen. Die vier Schulschiffe der GST werden 1986 35 Mal auf Ausbildungsfahrt gehen und dabei u. a. die Ostseehäfen Klaipeda, Tallinn, Riga, Ventspils und Gdynia anlaufen. Alle Verantwortlichen werden sich um beste Ergebnisse bei der Vorbereitung des militärischen Nachwuchses für die Volksmarine sowie bei der Qualifizierung von See- und Tauchsportlern bemühen" (Poseidon, 3/1986).
Das Segelschulschiff befand sich als erstes Schiff der Marineschule bereits Mitte April mit Offiziersbewerbern der Volksmarine an Bord in der Ostsee und machte am 25. April im litauischen Hafen Klaipda, dem historischen Memel, fest.
Im Mai und Juni weilten erneut internationale Gäste an der GST-Marineschule, so eine Studiendelegation aus Nikaragua und eine finnische Militärdelegation.
Auf der am 23. Mai durchgeführten 9. Tagung des ZV der GST formulierte der GST-Vorsitzende, Vizeadmiral Kutzschebauch, unter anderem:
„Um im erforderlichen Maße zur Gewährleistung einer hohen Verteidigungskraft unseres sozialistischen Staates beizutragen ... (ist) für die Intensivierung der vormilitärischen Laufbahnausbildung Matrosenspezialist ... die bessere Auslastung der Ausbildungsbasen und – technik von großer Bedeutung ..., Hauptaugenmerk bei der vormilitärischen Laufbahnausbildung Taucher gilt der weiteren Konzentration der Ausbildung" (Poseidon, 4/1986).
Zugleich beschloss die Tagung die Einberufung des VII. GST-Kongresses vom 14. bis 16. Mai 1987 nach Karl-Marx-Stadt.
Der 2. August 1986 gestaltete sich zu einem Höhepunkt im Leben der Marineschule – der 35. Jahrestag der Indienststellung des Segelschulschiffes „Wilhelm Pieck", das eben von dem Freundschaftsbesuch aus Klaipeda zurückgekehrt war. Dazu fanden eine große Musterung und ein Meeting statt. Journalisten und Reporter der wichtigsten Massenmedien der DDR waren zur Berichterstattung vor Ort. Das Jugendradio DT 64 führte eine Livesendung durch. Ebenso war eine Kleinausstellung über das Segelschulschiff zu besichtigen.
Am 30. September weilte ein 50 Mitglieder zählender Jugendausschuss der Volkskammer der DDR unter Leitung von Manfred Ewald (1926-2002), dem Vorsitzenden des Nationalen Olympischen Komitees (NOK) der DDR, an der Marineschule, der von Vizeadmiral Kutzschebauch begleitet wurde. Die Gäste informierten sich über die maritime Ausbildung in der GST. Den Abschluss des Arbeitstreffens bildete eine Ausbildungsfahrt mit den Motorschulschiffen „Ernst Thälmann" und „Artur Becker" in den Greifswalder Bodden.
Zum 37. Jahrestag der DDR am 7. Oktober erhielt der Schulleiter, Studienrat Wolfgang Riemer, aufgrund außerordentlicher Verdienste den Vaterländischen Verdienstorden in Silber

überreicht.
Die 10. Tagung des ZV der GST Ende Oktober zog eine erfolgreiche Zwischenbilanz in der „GST-Verpflichtung XI. Parteitag der SED“ und beriet die nächsten Aufgaben auf dem Weg zum VIII. GST-Kongress.
Am 22. November besuchte der Stellvertreter des Chefs der Volksmarine und Chef Ausbildung, Vizeadmiral Günter Hesse (1931-2001), die Marineschule und informierte sich über Möglichkeiten und Aufgaben der Greifswalder Marineschule bei der Durchführung der vormilitärischen Laufbahnausbildung Matrosenspezialist.
Auf Beschluss des Sekretariats des ZV der GST vom 3. Dezember schied wegen Erreichens des Rentenalters der bisherige Schulleiter Wolfgang Riemer aus. Gleichzeitig wurde Kapitän zur See d. R. Rudolf Rissmann, bisheriger Stellvertreter des Chefs der 4. Flottille Warnemünde und Leiter der Politabteilung, mit Wirkung vom 1. Januar 1987 zum neuen Schulleiter berufen.

NOCH ZWEI EREIGNISREICHE JAHRE

Die neue Schulleitung mit Kapitän zur See d. R. Rudolf Rissmann an der Spitze hatte sich im Jahre 1987 in der Arbeit neuen Aufgaben zu stellen und dabei bedeutenden gesellschaftlichen Höhepunkten Rechnung zu tragen: VIII. Kongress der GST, XXXII. DDR-Meisterschaften im Seesportmehrkampf, 70. Jahrestag der Großen Sozialistischen Oktoberrevolution in Russland und 90. Geburtstag von August Lütgens. So fand am 28. Januar 1987 an der Betriebsberufsschule (BBS) – Flotte „August Lütgens“ des VEB Deutfracht/Seereederei Ros-

tock eine Beratung der Namensträger mit dem Ziel statt, die Pflege revolutionärer Traditionen am konkreten Beispiel des Seemannes und antifaschistischen Widerstandskämpfers August Lütgens zu vertiefen.
Zu einem Informationsbesuch weilten am 20. März zwanzig Veteranen der Volksmarine unter Leitung von Konteradmiral a. D. Heinz Irmscher (1920-2004), ehemaliger Kommandeur der Offiziershochschule „Karl Liebknecht" der Volksmarine Stralsund, an der Marineschule.
Wenige Wochen vor dem VIII. GST-Kongress, am 21. April, führte der Chef der Volksmarine, Admiral Wilhelm Ehm, einen erneuten Arbeitsbesuch an der GST-Marineschule durch. „Zu Beginn seines Besuches informierte sich Admiral Ehm über die Ergebnisse in der vormilitärischen Laufbahnausbildung Matrosenspezialist und Taucher der NVA sowie über die Leistungen der Kameraden in den Wehrsportarten See- und Tauchsport. Anschließend besichtigten die Gäste Lehrkabinette der GST-Marineschule, informierten sich über die vielfältigen Möglichkeiten zur theoretischen und praxisbezogenen seemännischen wie technischen Ausbildung. Admiral Ehm äußerte sich anerkennend über die Ausstattung der Lehreinrichtung, die seit seinem Besuch vor fünf Jahren noch interessanter und besser geworden ist. Besondere Anerkennung fand das Kabinett `Volksmarine`... (Poseidon, 3/1987). Der Admiral und seine Gäste besichtigten das Segelschulschiff „Wilhelm Pieck" und das Motorschulschiff „Artur Becker", um sich vom technischen Zustand der Schiffe und dem seemännischen Können ihrer Stammbesatzungen zu überzeugen. Eine Fahrt mit der „Artur Becker" im Greifswalder Bodden und einem anschließenden Erfahrungsaustausch mit See- und Tauchsportlern, Funktionären und Ausbildern der maritimen Wehrsportarten der GST schloss den Arbeitsbesuch. Admiral Ehm dankte der GST und ihrer Marineschule für die gute politische und fachliche Vorbereitung der jungen Kameraden für ihren künftigen Dienst in der Volksmarine.
Der Höhepunkt dieses Jahres im Leben der GST und ihrer Marineschule war zweifelsohne der am 14./15. Mai 1987 nach Karl-Marx-Stadt einberufene VIII. Kongress der GST. Der Leiter der Marineschule, Rudolf Rissmann, war Delegierter dieses Kongresses. Die Wertigkeit dieses Kongresses zeigt sich auch durch die Teilnahme des Ministers für Nationale Verteidigung der DDR, Armeegeneral Heinz Kessler (*1920), und des 1. Sekretärs des Zentralrats der FDJ, Eberhard Aurich (*1946). Zu den weiteren Aufgaben der GST referierte ihr Vorsitzender, Vizeadmiral Kutzschebauch, so:
„Inhalt und Aufgaben unseres VIII. Kongresses werden bestimmt von den Anforderungen an den qualitativ neuen Abschnitt bei der weiteren Gestaltung der entwickelten sozialistischen Gesellschaft, der mit den Beschlüssen des XI. Parteitages der SED eingeleitet wurde .... Die wichtigste Bedingung, sie erfüllen zu können, ist die Erhaltung des Friedens. Kampfkraft und Gefechtsbereitschaft der NVA dienen dem Frieden. Davon ausgehend ist es Anliegen der GST, die Teilnehmer an der vormilitärischen Ausbildung bereits vor Antritt des Wehrdienstes mit dem Sinn des Soldatenseins im Sozialismus vertraut zu machen .... Durch die Konzentration der maritimen Ausbildung in den Bezirksausbildungszentren und an der Marineschule der GST eröffnen sich für die Kreisorganisationen neue Möglichkeiten für den Seesport .... Die reizvolle Seesporttouristik soll breiter entwickelt werden. Der erfolgreiche Tauchsport wird fortgesetzt" (Poseidon, 4/1987).
Wie die weitere geschichtliche Entwicklung der DDR zeigen sollte, waren sowohl der XI. Parteitag der SED als auch der VIII. GST-Kongress im Jahre 1987 die letzten ihrer Art. Am Vorabend des VIII. Kongresses der GST erhielt die Greifswalder Marineschule im Auftrag

des Zentralrats der FDJ durch Eberhard Aurich das „Artur-Becker-Ehrenbanner" als Auszeichnung überreicht. (Eberhard Aurich war der letzte 1. Sekretär des Zentralrats der FDJ in der DDR.)
In der Zeit vom 15. bis 19. Juli 1987 fanden die XXXII. DDR-Meisterschaften im Seesportmehrkampf erneut in Greifswald statt. Daran beteiligten sich zehn Frauen-, zwölf Reservisten- und fünfzehn Männermannschaften aus allen Bezirken der DDR mit insgesamt 453 Wettkämpfern. Als Leiter der Meisterschaften fungierte der neue Leiter der Marineschule, Kapitän zur See d. R. Rudolf Rissmann, als Hauptwettkampfleiterin Gisela Günzel. Bei diesen die ganze Frau oder den ganzen Mann fordernden Wettkämpfen wurde die Bezirksorganisation Potsdam DDR-Meister. Mehr als 40 Seesportkutter und Ixylons hatten während dieser Zeit im Hafen von Greifswald-Wieck festgemacht. Die Ixylons sind kleine Segeljollen mit folgenden technischen Daten: 5,10 m Länge, 1,80 m Breite, 0,82 m Tiefgang, 14 qm Segelfläche und 7 m Masthöhe. Von 1970 bis 1997 wurde dieser Typ in der Jachtwerft Berlin-Köpenick erbaut.
Die Ausbildungsfahrten der GST-Schulschiffe mit Offiziersbewerbern führten 1987 vorrangig in die traditionelle sowjetischen Häfen und standen ganz im Zeichen der Vorbereitung auf den 70. Jahrestag der Oktoberrevolution.
Während des Aufenthaltes der „Artur Becker" im August 1987 – der Verfasser war auf dieser Reise als Assistent der Schiffsleitung eingesetzt – erhielt der dortige Vorsitzende des DOSAAF-Stadtkomitees, der langjährige enge Freund und Verbündete der Greifswalder Schulschiffsbesatzungen, Vincas Pilkauskas, im Auftrag des Sekretariats der FDJ-Kreisleitung Greifswald durch Kapitän Herbert Breitsprecher die „Ehrenurkunde der FDJ-Kreisleitung Greifswald" überreicht. Die Zeitung „Sovjetskaja Klaipeda" berichtete in ihrer Ausgabe vom 29.8. 1987 unter der Überschrift „Freundschaftsbande" von der Begegnung zwischen den Seeleuten dieses Schiffes und litauischen Komsomolzen im Cafe „Bildukas".
Um eine größere Breitenwirkung und mehr Eigenverantwortung im Wehrsport zu gewährleisten, waren entsprechende Vorschläge auf dem VIII. GST-Kongress eingegangen. Deshalb wurden zwei Sportverbände mit entsprechenden Präsidien ins Leben gerufen: Der am 15. September d. J. gegründete Seesportverband der DDR und der am 25. September etablierte Tauchsportverband. Den beiden Präsidien standen in dem nur zweijährigen Bestehen als Präsidenten vor: Generalmajor Rolf Pitschel (Tauchsportverband) und Kapitän zur See Günter Poller (Seesportverband). Als Vizepräsident im Tauchsportverband wirkte Dr. Helmut Sieger, ehemaliger Leiter der GST-Marineschule (1958-1972), und im Seesportverband wurde als Vizepräsident Studienrat Wolfgang Riemer, ehemaliger Leiter der GST-Marineschule (1974-1986), bestätigt. Präsidiumsmitglieder im Seesportverband waren unter anderem: Rudolf Rissmann, Leiter der GST-Marineschule; Gisela Günzel, GST-Wettkampfleiterin; Günter Heß, Kapitän beim Seefahrtsamt der DDR und Karlheinz Schaefer, Kapitän des Segelschulschiffes „Wilhelm Pieck" (1967-1972).
Am Gründungsverbandstag des Seesportverbandes nahmen seitens der GST-Marineschule teil: Fregattenkapitän d. R. Peter Hoppe, Stellvertreter des Leiters für Ausbildung an der Marineschule und Roland Müller, Stellvertreter des Leiters für Technik.
„Den qualitativ neuen Ansprüchen des VIII. Kongresses der GST zu genügen, erforderte auch, die über den ersten Verbandstag gestellte Losung `Im Wehrsport breiter, vielfältiger und aktiver mit praktischen Schritten zu entsprechen ... (Es sind) wieder solche Interessengebiete wie `Grundlagen der Navigation, `Winken und Morsen` und `Schiffsmaschi-

nenkunde` zu aktivieren und zu fördern" (Poseidon, 6/1987).
Am 6. November fand die 3. Tagung des ZV der GST statt, an der der Leiter der Marineschule, Kapitän zur See d. R. Rudolf Rissmann, teilnahm. Im Mittelpunkt dieser Tagung standen die Abrechnung der „GST- Verpflichtung XI. Parteitag der SED" und die Auslösung der Masseninitiative „GST-Auftrag VIII. Kongress". Diese Masseninitiative und der Wettbewerb in der GST bestimmten die weitere GST-Arbeit bis zum 40. Jahrestag der DDR am 7. Oktober 1989 (vgl. Poseidon, 1/1988).
Am gleichen Tag weilten Vertreter der sandinistischen Marine Nikaraguas zu einem Informationsbesuch an der Greifswalder Marineschule.
Im Rahmen des Aufenthalts einer Delegation aus Greifswalds Partnerstadt Osnabrück beim Greifswalder Oberbürgermeister Klaus Ewald (1984-1989) statteten die Gäste am 5. Dezember 1987 der GST-Marineschule einen Besuch ab.
Die weitere Verwirklichung der Beschlüsse des VIII. Kongresses und der 3. Tagung des ZV der GST prägte in Vorbereitung auf die XXXIII. DDR-Meisterschaften im Seesportmehrkampf und den 70. Jahrestag der Novemberrevolution in Deutschland die Arbeit der GST-Marineschule im Jahre 1988.
So fand in Verantwortung der Marineschule am 10. Februar 1988 die 6. Grenzsicherheitskonferenz im Territorium statt.
Im Zusammenhang mit dem 32. Jahrestag der NVA besuchte die Leitung der Jugendhochschule „Wilhelm Pieck" des Zentralrats der FDJ Berlin- Bogensee in Begleitung des Stellvertreters des Vorsitzenden des ZV der GST, Generalmajor Rolf Pitschel, die Marineschule.
Während der traditionellen Woche des Greifswalder „Picknicks der Freundschaft" vom 2. bis 7. Mai war an der maritimen Ausbildungsstätte eine Ausstellung zum Thema: „Die NVA als moderne Streitmacht des Friedens" zu besichtigen, die von Angehörigen der 1. Flottille Peenemünde (Verband Born) und des Ausstellungszentrums „Max Matern" der NVA gestaltet wurde. Im Rahmen dieser Woche führte die Leitung der Marineschule am Vorabend des 43. Jahrestages der Befreiung einen „Tag der offenen Tür" durch. Etwa 3.000 Besucher konnten dabei ein Kampfschiff der „Grenzbrigade Küste" und das Motorschulschiff „Ernst Thälmann" besichtigen sowie sich mit der ausgestellten Technik der NVA vertraut machen.
Am 17. Mai 1988 beriet der ZV der GST auf seiner 4. Tagung die weiteren Aufgaben der GST im See- und Wehrsport. Dazu führte der Stellvertreter des Vorsitzenden des ZV der GST, Oberst Heinz Witteck, aus:
„Im Seesport werde den vielseitigen Interessen der Seesportler Rechnung tragen, wurden Wettkämpfe und –formen verändert, erhielten verstärkt maritimen Inhalt; das Wettkampfangebot für ungediente und gediente Reservisten wurde wesentlich erweitert. Auch die Seesporttouristik wurde aktiviert." (Poseidon, 4/1988).
Zugleich wertete Oberst Witteck die erzielten Leistungen in der Masseninitiative „GST-Auftrag VIII. Kongress" als einen wichtigen Beitrag zur Vorbereitung des 40. Jahrestages der DDR.
Mit Beginn der Navigationsperiode im April 1988 begannen an der Marineschule und den Bezirksorganisationen der GST die ersten konzentrierten Lehrgänge zur vormilitärischen Ausbildung künftiger Angehöriger der Volksmarine, die resultierend aus der Aufgabenstellung des Seesportverbandes der DDR mit Beginn des Ausbildungsjahres 1987/88 neu konzipiert wurden.
Der Inhalt der Umprofilierung der vormilitärischen Ausbildung Matrosenspezialist bestand

darin: „Berufsoffiziers- , Fähnrichs- sowie Berufsunteroffiziersbewerber und künftige Maate an der GST-Marineschule auszubilden, angehende Matrosen auf Lehrgängen an den maritimen Bezirksausbildungszentren der GST mit seemännischen Grundwissen vertraut zu machen" (Poseidon, 4/1988).
Der Leiter der GST-Marineschule Greifswald, Kapitän zur See d. R. Rudolf Rissmann, schätzte im Verlauf des Ausbildungsjahres 1988 dazu ein:
„Damit wurde unserer Schule der Auftrag erteilt, entsprechend den Erfordernissen des Dienstes in der Volksmarine die künftigen Offiziere, Fähnriche, Berufsunteroffiziere und Maate zielgerichtet so auszubilden, dass sie mit einem einheitlich hohem Niveau die vormilitärische Laufbahnausbildung als Matrosenspezialist abschließen.... Gute Allgemeinbildung und solides Fachwissen in der Berufsausbildung sind notwendige Voraussetzungen für die vormilitärische Laufbahnausbildung, für den künftigen Dienst in der Volksmarine. Wer moderne Technik meistern will, wer Kollektive führen und jederzeit auf aktuelle Fragen die richtige Antwort geben will, der muss sich in der Weltanschauung, in Mathematik, Physik, Chemie und Elektronik auskennen. Nicht zuletzt verlangen die Ausbildung ... den ganzen Mann – Sport, eigene sportliche Betätigung, muss deshalb zur Lebensmaxime gehören, aktiver Sport, der Ausdauer, Kraft und Schnelligkeit fördert" (Poseidon, 3/1988).
Im Jahre 1988 waren deshalb die drei Schulschiffe „Wilhelm Pieck", „Artur Becker" und „Ernst Thälmann" sowie die beiden Motorausbildungsboote „Albatros" und „Ryck" 32 Mal im seeseitigen Einsatz. Die Schulschiffe besuchten auch in diesem Jahr die traditionellen Häfen der sozialistischen Ostseeanliegerstaaten.
In Verbindung mit dem Wiecker Fischerfest, das durch die zuständigen Organe des Rates der Stadt Greifswald weitaus besser als 1987 abgesichert war, fand am 17. Juli der zweite „Tag der offenen Tür" an der Marineschule statt. 2231 Besucher nutzten die nicht alltägliche Gelegenheit zum Besuch des Schulobjektes und der Schulschiffe.
Unter der Losung „GST-Auftrag VIII. Kongress – Wort und Tat für unseren sozialistischen Friedensstaat" trafen sich vom 20. bis 24. Juli die besten Seesportmehrkämpfer der GST zu den XXXIII. DDR-Meisterschaften im Seesportmehrkampf erneut in Greifswald. Als Leiter der Meisterschaften fungierte wiederum derLeiter der Marineschule Rudolf Rissmann. Bei diesen Meisterschaften starteten 16 Männer-, 11 Frauen- und 21 Reservistenmannschaften, und es befanden sich 27 GST-Kutter und 21 Ixylons auf Wettkampfkurs auf dem Ryck und in der Dänischen Wiek. Den DDR-Mannschaftsmeister errangen die Rostocker Mädchen, die Männer der Volksmarine und die Reservisten aus Potsdam (vgl. Poseidon, 5/1988).
Im September 1988 fand an der Jugendhochschule „Wilhelm Pieck" des Zentralrats der FDJ in Berlin-Bogensee unter Leitung von Generalmajor Rolf Pitschel eine zentrale Beratung mit Ausbildungsfunktionären statt. Der Leiter der Greifswalder Marineschule, Kapitän zur See d. R. Rudolf Rissmann, der daran teilnahm, erläuterte dabei unter anderem die neue Form der konzentrierten vormilitärischen Laufbahnausbildung.
Die Beratung des Präsidiums des Seesportverbandes der DDR vom 25. Oktober, die an der Marineschule stattfand, beschäftigte sich mit den weiteren Aufgaben des Verbandes bei der Vorbereitung künftiger Matrosenspezialisten. Des Weiteren wurden die seesportlichen Veranstaltungen im Jahr 1989 beraten sowie der „Entwurf der Entwicklungskonzeption im Seesport im Zeitraum 1989 bis 1995" und das Programm des Seesportverbandes (vgl. Poseidon, 1/1989).

Zum Abschluss des Ausbildungsjahres 1987/88 konnte die Leitung der Marineschule eine gute Bilanz ziehen:
Es waren 31 Lehrgänge mit über 1000 Lehrgangsteilnehmern absolviert worden, davon acht in der konzentrierten zentralen vormilitärischen Laufbahnausbildung mit über 500 Jugendlichen, wobei 140 Kursanten als „Beste" abschließen konnten. In diesen Lehrgängen wurden 146 GST-Funktionäre qualifiziert und 462 Bewerber für die Volksmarine und als Reserveoffizierskader des VEB Deutfracht/Seereederei Rostock ausgebildet. 127 GST-Kameraden verschiedener Betriebe und Einrichtungen der DDR legten maritime Befähigungsnachweise und Wiederholungsprüfungen ab. 450 Teilnehmer erwarben das Qualifizierungsabzeichen der GST.
Acht Kollektive der GST-Marineschule an Bord und an Land befanden sich im gewerkschaftlichen Wettbewerb um den Staatstitel „Kollektiv der sozialistischen Arbeit", den sie erfolgreich verteidigten.
Durch umfangreiche Arbeiten in den Einrichtungen der GST-Marineschule und auf den Schulschiffen sowie im Rahmen „sozialistischer Hilfe" für Partnereinrichtungen wurde ein zusätzlicher finanzieller Wert von etwa 116.000 DDR-Mark erwirtschaftet. Die Schule und ihre Schiffe waren Gastgeber für 124 Besichtigungen mit 3011 Besuchern, darunter Bürgern aus der CSSR, Polen, Ungarn, Bulgarien, Nikaragua und der palästinensischen Befreiungsorganisation PLO.
Die Aufgabenstellung des VIII. GST-Kongresses war von der GST-Marineschule erfüllt worden.
Am 2. November 1988 beriet der ZV der GST auf seiner 5. Tagung über die Aufgaben der GST im Jahre 1989. Der Vorsitzende, Vizeadmiral Kutzschebauch, führte dazu aus:
„... dass die Wehrorganisation 1988 die Aufgaben zur Vorbereitung des 40. Jahrestages

der Gründung der DDR erfolgreich in Angriff genommen hat. Unter dem Motto: „Wort und Tat für unseren sozialistischen Friedensstaat" komme es im Jubiläumsjahr der Republik darauf an, alle GST-Mitglieder und Teilnehmer an der vormilitärischen Ausbildung noch besser mit dem Sinn des Soldatenseins im Sozialismus vertraut zu machen, die Vorhaben zum 40. Jahrestag der Gründung der DDR mit großer Wirkung zu gestalten, die Aufgaben in der vormilitärischen Ausbildung vollständig zu erfüllen und wehrpolitische Aktivitäten noch vielfältiger und attraktiver zu gestalten" (Poseidon, 1/1989).
Damit war der Kurs der Greifswalder GST-Marineschule für die weitere Arbeit im 40. Jubiläumsjahr der DDR, zugleich das 35. Jahr der Gründung der GST-Marineschule, zielgerichtet und inhaltlich vorgegeben. Aber es kam anders.

1989 - DAS JAHR DER WENDE UND ENDE GST-MARINESCHULE

Die Arbeit und die Ausbildung an der GST-Marineschule in diesem gravierenden Jahr nahmen zunächst ihren normalen Verlauf. Die Grundlagen hierfür bildeten die Festlegungen des VIII. GST-Kongresses und der 5. Tagung des Zentralvorstandes der GST von 1988.
Die Schulschiffe unternahmen ihre Ausbildungsfahrten in der Ostsee, verbunden mit Aufenthalten in polnischen und sowjetischen Häfen. Die Schülercrews bestanden zumeist aus Bewerbern für die Volksmarine und Lehrlingen des VEB Deutfracht/Seereederei. Obwohl sich die größte Ausbildungseinheit der Schule, das MSS „Ernst Thälmann" in der Werft zur Generalüberholung befand, liefen die Vorbereitungen auf den 35. Jahrestag der Gründung der GST-Marineschule am 1. Juli 1989 und den 40. Jahrestag der DDR am 7. Oktober auf Hochtouren. Zuvor wurde dem 33. Jahrestag der Gründung der NVA am 1. März 1989 Rechnung getragen. Der Leitende Technische Offizier des MS „Artur Becker", Horst Buchmüller, erhielt anlässlich dieses Ehrentages für besondere Leistungen die „Verdienstmedaille der NVA" in Silber überreicht. Der Zentralvorstand der GST trat am 26. April zu seiner 6. Tagung zusammen. „Im Bericht des Sekretariats an den Zentralvorstand wurde mit Blick auf den 40. Jahrestag der Gründung der DDR eine Zwischenbilanz in der sozialistischen Masseninitiative \`GST-Auftrag VII. Kongress\` gezogen.... Bericht und Diskussion verdeutlichten die Anstrengungen der GST, mit besten Ergebnissen zur Stärkung der DDR ... und des XII. Parteitages der SED beizutragen" (Poseidon, 4/1989). Dieser Parteitag, dessen Einberufung für Frühjahr 1990 geplant war, sollte aufgrund der weiteren Entwicklung in der DDR jedoch seine Berechtigung verlieren. Am 12. Mai 1989 fand an der Marineschule der letzte „Tag der offenen Tür" mit Schiffsbesichtigungen und Vorführungen seemännischer Handarbeiten statt. Dieser Tag war zugleich der Abschlusshöhepunkt des traditionellen „Festes der Waffenbrüderschaft". Vom 20. bis 23. Juni erlebten die Stadt Greifswald und ihre Marineschule nochmals einen sportlichen Höhepunkt in Form der XXXIV. DDR-Meisterschaften im Seesportmehrkampf. Dazu waren 164 Seesportler aus dreizehn Bezirken und der Volksmarine, 95 Seesportlerinnen aus acht Bezirken und 40 Reservisten aus zwölf Bezirken der DDR in Greifswald angetreten. Den Abschluss des dritten Wettkampftages bildete eine „Meisterfete" mit Disco im großen Saal der Marineschule. Eine beachtliche sportliche Bilanz konnte gezogen werden: Die besten Seesportmannschaften (Männer) kamen von der Volksmarine, aus Rostock und Potsdam; bei den Frauen aus Potsdam, Rostock und Cottbus und bei den Reservisten zweimal aus Potsdam und aus Frankfurt/Oder (vgl. Poseidon, 6/1989).

Der 35. Jahrestag der maritimen Ausbildungsstätte am 1. Juli erwies sich nochmals als Glanzpunkt in ihrer Entwicklung. Am Jubiläumstag kamen Gratulanten vom Ostseestrand und Binnenland und überbrachten ihre Glückwünsche. Der Vorsitzende des ZV der GST, Vizeadmiral Günter Kutzschebauch, formulierte in seiner Grußadresse: „Die Marineschule erwarb sich Achtung, Anerkennung und Ansehen durch eine zielgerichtete politisch-ideologische Erziehungsarbeit und durch eine solide seemännische Aus- und Weiterbildung tausender Jugendlicher und Funktionäre im maritimen Bereich. Viele von ihnen, die an der Marineschule erste seemännische Grundkenntnisse erwarben und erste Borderfahrungen sammelten, leisten heute verantwortungsvollen Dienst auf Schiffen der Volksmarine oder der Handelsflotte der DDR beziehungsweise bereiten als Ausbilder künftige Matrosen auf ihren Dienst in der Volksmarine vor" (Poseidon, 5/1989).
Zum Jubiläumstag waren ein ansprechender Bierkrug und ein Wimpel mit der Aufschrift „35 Jahre GST-Marineschule `August Lütgens`" angefertigt worden, auf dessen Rückseite die Silhouetten der drei großen Schulschiffe abgebildet sind. Eine Ausstellung vermittelte den Besuchern die Entwicklung der einzigartigen maritimen Ausbildungsstätte in 35 Jahren. Auch dem Verfasser bleibt dieser Tag in Erinnerung, zumal er dabei war und dem Schulleiter die Neufassung der „Chronik der GST-Marineschule `August Lütgens` Greifswald-Wieck – Von den Anfängen bis 1988" als Manuskript in erweiterter Form überreichen konnte.
Der von der GST-Marineschule als Pate unterstützte Ortsteil Wieck erhielt während dieser Zeit von der Nationalen Front die Auszeichnung „Schönstes Wohngebiet" verliehen. Am 5. Juli war die Marineschule letztmalig Gastgeber des jährlich stattfindenden Erfahrungsaustausches von Kollektiven, die den Ehrennamen „August Lütgens" trugen, so die Betriebsschule Flotte des VEB Deutsche Seereederei Rostock, die GST-Grundorganisation des VEB Bauelementewerkes Stralsund und die Sektion „Tauchsport" der GST-GO des VEB Plastmaschinenwerkes Schwerin. „Nachdem Leben und Wirken von August Lütgens weitgehend erforscht sind, geht es in der Traditionsarbeit vor allem darum, Jugendlichen das Vermächtnis des Seemannes, Kommunisten und Widerstandskämpfers emotional nahezubringen" (Poseidon 5/1989). Für ihre Verdienste um die Weiterentwicklung der Beziehungen zum Territorium wurde die GST-Marineschule, vertreten durch den Schulleiter Rudolf Rissmann, anlässlich des 40. Jahrestages der DDR am 7. Oktober 1989 mit dem Eintrag in das „Ehrenbuch der Stadt Greifswald" geehrt. Generalmajor Dr. Werner Eltze (*1937), Stellvertreter des Vorsitzenden des ZV der GST, formulierte seinerzeit selbstbewusst zur Wirksamkeit der GST: „Mit der Bildung der Sportverbände der GST entsprechend den Festlegungen unseres VIII. Kongresses haben wir uns neue Möglichkeiten erschlossen, die eigenverantwortliche Tätigkeit gewählter Gremien weiterzuentwickeln. Aufbauend auf den bis jetzt gesammelten positiven Erfahrungen geht es uns im Jahre 1989 darum, überall den ehrenamtlichen Gremien die besten Bedingungen für eine erfolgreiche Arbeit zu schaffen und … zu fördern. Der 40. Jahrestag unseres Staates ist selbstverständlich der politisch wichtigste Höhepunkt auch für unsere Organisation. Zu Ehren dieses Jubiläums haben unsere Mitglieder anspruchsvolle Verpflichtungen übernommen …" (Poseidon, 5/1989). Das alles konnte jedoch nicht darüber hinwegtäuschen, dass sich in der DDR zwischenzeitlich gravierende Veränderungen vollzogen, von denen wir Bewohner im „Tal der Ahnungslosen" durch die Massenmedien der DDR und BRD Kenntnis erhielten. Aber viele Bürger, auch ich, nahmen es damals noch gar nicht recht wahr.

Aber im GST-Lager der damaligen Betriebsberufsschule „Dr. Salvador Allende" Greifswald des Ingenieur-, Tief- und Verkehrsbaukombinates Rostock - ich unterrichtete dort – das wir jährlich im September in Graal-Müritz an der Ostseeküste durchführten, zeichnete sich die politische Lage deutlicher für uns ab. Zu unserem „Stammpersonal" im GST-Lager gehörten wie in früheren Jahren auch Offiziere und Unteroffiziere der Offiziershochschule „Karl Liebknecht" Stralsund und der 1. Flottille Peenemünde der Volksmarine als Ausbilder. Dabei waren auch Freundschaften zwischen den Pädagogen und den Volksmarine-Angehörigen entstanden. Durch sie erhielten wir „unter der Hand" Informationen, die uns zu denken gaben. Einige äußerten schon klare Vorstellungen über ein Ausscheiden aus der Volksmarine und berufliche Neuorientierung. Kurzum, es sollte unser letztes GST-Lager sein.
Im letzten Viertel des Jahres 1989 überschlugen sich die politischen Ereignisse in der DDR, die jeder auf seine Weise verarbeiten musste. Mit den gewaltigen Demonstrationen in Leipzig gegen den Parteiapparat, die Regierung der DDR und ihre Organe, war es nach dem Rücktritt Erich Honeckers und des Politbüros klar, dass es in der Republik so nicht weitergehen würde, zumal das Land auch ökonomisch am Ende war. Die Mauer fiel.
Die weitere Entwicklung, die zunächst eine „reformierte DDR" hervorbringen sollte, führte bereits am 1. Juni 1990 zur Währungsunion mit der BRD und schließlich am 3. Oktober des gleichen Jahres zum Beitritt der DDR zur BRD.
Im Vorfeld brachen in der „Noch-DDR" jedoch fast alle bisherigen Strukturen zusammen. Damit verbunden blieben die staatlichen Zuwendungen in der DDR nicht nur für die Massenorganisationen weg. Das Ende der Greifswalder Marineschule war mit der Auflösung der GST im April 1990 endgültig besiegelt und der Lehr- und Ausbildungsbetrieb damit eingestellt. Die Beschäftigten wurden arbeitslos. Eine über Monate andauernde personelle und technische Abwicklung setzte ein. Wer das Alter erreicht hatte, rettete sich in Rente. Die Jüngeren mussten sich eine neue Tätigkeit suchen. Der Zentralvorstand der GST war bereits am 27. Januar 1990 - auf seiner letzten ZV-Tagung - zurückgetreten. In dieser komplizierten Zeit gab es auch das tragische Ereignis um den GST-Vorsitzenden, Vizeadmiral Günter Kutzschebauch. Er konnte das Ende der DDR und „sein" Lebenswerk nicht verwinden und unternahm einen Suizidversuch, an dessen Folgen er 1996 verstarb (vgl. R. Rosentreter 2000). Die Marineschule zählte in ihrem letzten Jahr insgesamt 74 Beschäftigte. Davon entfielen 40 auf die Schiffsstammbesatzungen, acht in die Ausbildung und 26 in den Bereich materiell-technische Sicherstellung. Das Segelschulschiff „Wilhelm Pieck" hatte bis 1989 38 Auslandsreisen durchgeführt, davon 33 in Häfen Polens und der UdSSR. (vgl. H. Sieger 2005 u. H. Rickert 2009).
Die beiden Barkassen „Albatros" und „Ryck" wechselten den Besitzer, und auch das große Motorschulschiff „Ernst Thälmann", das noch im Wendejahr für zwei Millionen DDR-Mark auf der Neptun-Werft Rostock generalüberholt worden war, erlitt das gleiche Schicksal.
Da der letzte Kapitän dieses Schiffes Bodo Strüwing nicht mehr zur Verfügung stand, überführten der I. Offizier Jürgen Ketelhut und der ehemalige Chief Gerd Bernd im Auftrag des noch amtierenden Schulleiters Rudolf Rissmann das Schiff im Frühjahr 1990 in den dänischen Hafen Sönderborg zum Verkauf.
Die nach der Auflösung der GST im April 1990 erfolgte Gründung des Bundes technischer Sportverbände (BTSV), der den Veränderungen im Seesportverband und Tauchsportverband der DDR Rechnung tragen sollte, blieb eine Episode.
Nach Augenzeugenberichten erfolgte die Abwicklung der GST-Marineschule insgesamt

unüberlegt bzw. chaotisch. Wertvolle Zeitdokumente, so der Inhalt des Traditionskabinetts, Bücher, Abzeichen, Medaillen, Fotos, Lehrmaterialien, Schiffsmodelle, Urkunden, Uniformen, Freundschaftsgeschenke bzw. Souvenirs aus dem In- und Ausland, Ausrüstungsgegenstände, Bordunterlagen... gingen für immer verloren. Damit waren 35 Jahre maritimer Geschichte der GST und somit auch die der Stadt Greifswald unwiederbringlich vernichtet. In der turbulenten Wendezeit gelang es dem Verfasser mit Unterstützung von Kapitän Volker Behm, heute Hafenmeister in Wieck, der für kurze Zeit im Schulobjekt noch als „Werkleiter" agierte, wenigstens die umfangreiche und großformatige, in rotes Leder gebundene und mit Goldschrift versehene „Chronik der GST-Marineschule in Wort und Bild (1954 – 1979)" zu retten und sie im heutigen Pommerschen Landesmuseum Greifswald zu deponieren.

Wie bereits eingangs bemerkt, gelang es unter fast unüberwindbaren Hindernissen nur dem Segelschulschiff „Wilhelm Pieck" - alsbald in „Greif" umbenannt - unter Kapitän Helmut Stolle, später Wolfgang Fusch, und dem Sporttaucherschiff „Artur Becker" unter Kapitän Volker Behm, später Karl Heinz Hanke, sich in das „marktwirtschaftliche Fahrwasser" zu retten. Nach zwanzigjähriger erfolgreicher Fahrenszeit im wiedervereinigten Deutschland bedeutete jedoch das Jahr 2010 für die „Artur Becker" das Aus. Das See- und Tauchsport-Zentrum (STZ) Greifswald e.V. als Betreiber vermochte das Schiff aus finanziellen Gründen nicht mehr zu halten. Weder das maritime Jugenddorf Wieck noch der Jugendherbergsverband Mecklenburg-Vorpommerns zeigten Interesse an einer Übernahme des Motorschiffes. So entschied sich die Greifswalder Bürgerschaft nach monatelangem Beratungs-Marathon über die Zukunft des Schiffes am 27. September 2010 schließlich für den Verkauf. Zuvor war sogar von Umbau oder gar Verschrottung die Rede. Das Auktionshaus VEBEG GmbH Frankfurt/Main, ein Unternehmen des Bundesfinanzministeriums, wurde mit der Abwicklung des Schiffsverkaufs beauftragt. Im November des Jahres erwarb eine dänische Firma das traditionsreiche Schiff unter dem Wert für den Preis von 80.000 EUR. Am 20. Februar 2011 – es wäre das 40. Jubiläumsjahr seiner Indienststellung als Greifswalder Schulschiff gewesen – wurde das auch nach der Wende bei deutschen Tauchsportlern und Hochsee-Anglern beliebte Schiff wie zwanzig Jahre zuvor die „Ernst Thälmann" nach Dänemark überführt. Damit verschwand das vorletzte der traditionsreichen Ausbildungsschiffe und Zeitzeugen des einst stolzen Greifswalder GST-Schulschiffsbestandes und somit auch der DDR-Seefahrt. Es bleibt zu hoffen, dass der Veteran, das Segelschulschiff „Greif" ex. "Wilhelm Pieck", noch lange unter der Flagge Greifswalds in der Ostsee und deren Anrainerhäfen segeln und Jung und Alt für die Seefahrt unter Segeln begeistern kann.

Am 2. August des Jahre 2011 beging das Greifswalder Segelschulschiff „Greif" den 60. Jahrestag seiner Indienststellung, das als ehemalige „Wilhelm Pieck" von 1954 bis 1990 das Flaggschiff der GST-Marineschule Greifswald verkörperte. Meine Veröffentlichung möchte ich mit den Worten von Dr. Helmut Sieger schließen, der 2005 treffend formulierte:

„Rückblickend auf das 35jährige Bestehen der Marineschule bleiben für alle, die hier lehrten und lernten die Erinnerungen und das Suchen nach der wahren Geschichte. Den verbindenden Geist zu erhalten ist ohne eine sachliche positive wie auch kritische Wertung der gesamtgesellschaftlichen Bedingungen jener Zeit nicht möglich. Es bleibt nachzudenken über das tatsächliche Geschehen, seine erhofften und seine realen Wirkungen".

DIE LEITUNG DER GREIFSWALDER HOCHSEEJACHTENSTATION, DER SPÄTEREN GST-SEESPORTSCHULE BZW. GST-MARINESCHULE

Leiter, ab 1958 Schulleiter:
Fritz Schmidt (1954)
Karl Ottersberg (1955-58)
Korvettenkapitän d. R. Dr. Helmut Sieger (1958-72)
Wilfried Reich (amt. 1972-74)
Kapitän zur See d. R., Studienrat Wolfgang Riemer (1974-86)
Kapitän zur See d. R. Rudolf Rissmann (1987-90)

Sekretariat
Chefsekretärin Doris Strüwing (1962-90)

Stellvertreter für Patriotische Erziehung (PE)
ab 1970 Stellvertreter für Politische Ausbildung (PA)
Walter Wagner (ehrenamtl.) (1954-60)
Heinz Günther (1962-63)
Heinz Strauch (1963-70)
Wilfried Reich (1970-72; 1974-76)
Wolfgang Jung (1976)
Fregattenkapitän d. R. Bernhardt Mühlpfordt (1977-87)
Fregattenkapitän d. R. Wolfgang Julich (1987-89)

Stellvertreter für Ausbildung
Hans Krüger (1955-57)
Korvettenkapitän d. R. Hans Wild (1957-61)
Hein Pilling (1961-68)
Kurt Kettner (1968)
Horst Frank (1969-70)
Wilfried Ehrlich (1970-84)
Fregattenkapitän d. R. Peter Hoppe (1984-89)

Stellvertreter für Technik (Funktion erst seit 1960), spätere Bezeichnung
Stellvertreter Materiell-Technische Sicherstellung (MTS)
Martin Bocklitz (1960-69)
Roland Müller (1969-89)

Stellvertreter für Wirtschaft
Wolfgang Riesebeck (1955-57)
Gertrud Schuster (1957-90)

Leiter Finanzökonomie
Gertrud Schuster (1957-90)

Leiter Versorgung
Gerd Berndt (1985-90)
Thomas Arlt (1989), vertretungsweise

Leiter Werkstätten
Wilhelm Mewitz (1962-90)

Leiter Großkombüse
Klaus Gutmann (1962-90)

DIE KAPITÄNE UND LEITENDEN TECHNISCHEN OFFIZIERE (LTO) DER GREIFSWALDER SCHULSCHIFFE UND SCHULBOOTE

Kapitäne des Segelschulschiffes „Wilhelm Pieck" (seit 1990 „Greif"):
Ernst Weitendorf (1951-55)
Arthur Friedrich (1955-58)
Gerhard Samuel (1959-67)
Willi Kessler (1959), vertretungsweise
Horst Rickert (1960), vertretungsweise
Karlheinz Schaefer (1967-72)
Helmut Stolle (1973-2000)
Roland Hunscha (1999), vertretungsweise
Wolfgang Fusch (seit 2000)
Leitende Technische Offiziere (LTO):
Gerhard Hoffmann (1951-54)
Helmut Dahms (1954-57)
Rudolf Kittler (1957-67)
Horst Buchmüller (1967-72)
1972 bis 1978 vertretungsweise als LTO:
Gerd Huth, Günther Burwitz, Jochen Bergter und Klaus Oelze
Otto Gallrein (1978-89)
Heiko Bleeck (1989-94)
Ernst Bader (1994-2011, im Wechsel mit H. Bleeck)

Kommandanten des Motorschulbootes „Patriot" (I):
Horst Rickert (1956-57)
Heinz Feiler (1957-59)
Wilhelm Mewitz (1959)
Manfred Noack (1960)
Leitende Maschinisten (LM):
Karl Beckmann (1957-58)
Siegfried Farin (1958-59)

Kommandanten des Motorschulbootes „Freundschaft" (I):
Hans-Georg Krüger (1956)
Karl Hein (1956-57)
Otto Drehn (1957-59)
Leitender Maschinist:
Fred Beckmann (1956-59)

Kommandanten der „Friedrich Ludwig Jahn", kurz „F.L.Jahn"

Wilfried Reich (1958-63)
Horst Fechner (1963)
Horst Berkowitz (1964)
Helmut Stolle (1965)
Franz Biedenweg (1966-68)
Bodo Strüwing (1968-72)
Leitender Maschinist:
Hubert Kreiseler (1958-72)

Kommandanten des Motorschulbootes „Freundschaft" (II):
Otto Drehn (1959-60)
Karlheinz Schaefer (1960-63)
Wilfried Reich (1963-69)
Horst Berkowitz (1970)
Horst Fechner (1971)
Bodo Strüwing (1972.-73)
Leitende Maschinisten:
Fred Beckmann (1959)
Otto Gallrein (1960-68)
Günter Fahlbusch (1968-72)
Jochen Schuricht (1972-73)

Schiffsführer des Taucherbootes „Krake":
Bodo Strüwing (1962-64)

Kommandant der Barkasse „Pionier" (I):
Wilfried Reich (1957-58)
Leitender Maschinist:
Heinz Flachsel (1957-58)

Kommandanten des Motorschulbootes „Pionier" (II):
Wilhelm Mewitz (1960-62)
Klaus Ulbricht (1963-65)
Horst Berkowitz (1965-67)
Leitender Maschinist:
Jochen Bergter (1960-67)

Kommandant des Motorschulbootes „Partisan":
Manfred Noack (1960-67)
Leitende Maschinisten:
Günter Burwitz (1960-63)
Peter Zeidler (1963-64)
Günter Fahlbusch (1964-67)

Kommandanten des Motorschulbootes „Patriot" (II):
Horst Fechner (1963-67)
Manfred Noack (1967-71)
Heinz Michael (1971-74)
Leitender Maschinist:
Günter Burwitz (1957-74)

Kapitäne des Motorschulschiffes „Ernst Thälmann"(I):
Hans Wild (1968-74)
Manfred Noack (1974-77)
Leitende Technische Offiziere (LTO):
Ralf-Ivar Melartopeus (1968-69)
Werner Kauza (1970-72)
Rainer Nemzow (1973-74)
Werner Kauza (1975-76)
Rainer Nemzow (1976-77)

Kapitäne des Motorschulschiffes „Artur Becker":
Horst Fechner (1971-76)
Horst Berkowitz (1976-79)
Peter Batrow (1979-80)
Herbert Breitsprecher (1980-88)
Volker Behm (1988-91)
Karl Heinz Hanke (1992-2010)
Leitende Maschinisten:
Günter Fahlbusch (1971-72)
Horst Buchmüller (1972-76)
Jochen Bergter (1976-81)
Horst Buchmüller (1981-2004)
Wolfgang Müller (2005-2010)

Kapitäne des Motorschulschiffes „Freundschaft" (III):
Bodo Strüwing (1974-76)
Manfred Noack (1976-79)
Leitender Maschinist:
Werner Kauza (1974-79)

Kapitän des Motorschulschiffes „Ernst Thälmann"(II)
Bodo Strüwing, (1977-90)
Leitende Technische Offiziere (LTO):
Werner Kauza (1976-77)
Ralf-Ivar Melartopeus (1977-81)
Gerd Berndt (1981-85)
Thomas Arlt (1985-89)

Schiffsführer der Hochseejacht „Ernst Schneller", ex. „Ernst Thälmann":
Wilfried Deertz (1960)
Horst Berkowitz (1960-62)
Zwischen 1963 bis 1979 war das Schiff nicht an der Schule stationiert, anderweitiger Einsatz, zumeist KAZ Ückermünde
Klaus Oelze (1980-89)
Maschinisten:
Manfred Heckmann (1980-85)
Sigurd Häring (1985-89)

Leiter der Jachtengruppe (nach 1960 aufgelöst):
Otto Löwe (1954-56)
Walter Wagner (1956-58)
Wilfried Ehrlich (1958-59)
Wilfried Deertz (1959-60)
Joachim Ribitzki (1960-61)
Leiter der Bootsgruppe (Motorausbildungsboote):
Rainer Krehl (1978-84)
Lutz Lüthen (1985-1990)

Verwendete Literatur (Auswahl)

Autorenkollektiv: Zeittafel zur Geschichte der Gesellschaft für Sport und Technik 1952-1979, Berlin 1982.

Autorenkollektiv: Chronik zur Geschichte der Gesellschaft für Sport und Technik 1952-1984. Berlin 1987.

Berger, Ulrich (Hg.): Frust und Freude. Die zwei Gesichter der Gesellschaft für Sport und Technik. Schkeuditz 2002

Beyer, Heinz: Seeleute von morgen. In: Jahrbuch der Schifffahrt, Berlin 1961, S. 137-142.

Ehrlich, Wilfried: Von der Hochseejachtenstation zur Marineschule. In: Seesport (Mitteilungsblatt des ZV der GST), Jg. 10, Nr. 8/1974.

Froh, Klaus u. Rüdiger Wenzke: Die Generale und Admirale der NVA. Ein biographisches Handbuch. Augsburg 2006.

Gerds, Peter u. Wolf-Dietrich Gehrke: Und am Bug der Greif. Rostock 1977.

Heider, Paul: Die Gesellschaft für Sport und Technik (1952-1990). In: Diedrich, Torsten u. a.: Handbuch der bewaffneten Organe der DDR. Augsburg 2007, S. 169-199.

Keil, Andre: Die Geschichte des DDR-Segelsports. Bielefeld 2006. Kapitel: Segeln in der Gesellschaft für Sport und Technik (GST); S. 84-88.

Krummsieg, Klaus u. Helmut Sieger: Wilhelm Pieck auf der „Wilhelm Pieck". In: Marinekalender der DDR, Berlin 1976, S. 26-29.

Mohr, Lutz: Chronik der GST-Marineschule „August Lütgens" Greifswald-. Wieck. Von den Anfängen bis 1988. (Manuskript). Greifswald 1988/89. Mit 101 Literaturangaben.

Ders: Neues von der untergegangenen Insel Großer Stubber. In: Naturschutzarbeit in Mecklenburg. Schwerin, Jg. 22, Heft 2/1979, S. 54-56.

Ders.: Zur Geschichte der GST-Marineschule „August Lütgens" in Greifswald-Wieck. Der GST-Marineschule zum 25. Geburtstag gewidmet. In: Greifswald- Stralsunder Jahrbuch, Band 12, Weimar 1979, S. 83-100. 56 Anm. bzw. Literaturangaben.

Ders.: Greifswalder Schulschiffe. In: Urania Universum, Band 33, Leipzig 1987, S. 280-289.

Ders.: Freundschaft übers Meer. In: Litauen heute. Zeitschrift in Deutsch. Vilnius, Nr. 24/1984, S. 31-34.

Ders.: 30 Jahre GST-Marineschule „August Lütgens". In: Seewirtschaft der DDR, Berlin, Jg. 15, Nr. 7/1984.

Mutschler, Heinrich: Segelschulschiff „Wilhelm Pieck". Schiff einer neuen Seefahrergeneration. Rostock 1985.

Peters, Gerd: Der deutsche Segelsport an der Ostsee.: Jetzt Marineschule Greifswald. In: Hanse-Anzeiger, 2 Jg., Nr. 37 vom 13.-19.9. 2006, S. 2

Ders.: Die „3. Flotte" der DDR-Seestreitkräfte. Von der Hochseejachtstation zur GST-Marineschule. In: Schiff & Zeit/Panorama maritim, Nr. 59/2004

Odemer, Karin u. Lutz Mohr: Unser Weg zur See. 25 Jahre Marineschule der GST „August Lütgens" Greifswald-Wieck. In: Poseidon, Berlin, Nr. 4/1979, S. 1-3.

Ohne Verfasser (O.V.): Die Schulboote des Seesports der GST. Lehrheft für die seemännisch-technische Ausbildung im Seesport, Berlin 1964.

O. V.: Seemann und Kommunist (August Lütgens). In: Poseidon. Maritime Zeitschrift der GST. Berlin Nr. 2/1983.

O. V.: Schiffe der GST. In: Ich werde Matrose, Lesematerial, Berlin 1988.

O. V.: Marineschule „August Lütgens". In: Matrosen auf Gefechtskurs, Lesematerial, Berlin 1980.

Otto, Wolfgang: Ich bin immer wieder aufgetaucht. Rostock 2006.

Peters, Gerd: Gratulanten unter Segel. Operation Sail 1974. In: Jahrbuch der Schifffahrt. Berlin 1976, S. 116-122.

Richter, Götz R.: Segel in Sonne und Sturm. Berlin 1958.

Rickert, Horst: Erlebnis und Bewährung unter Segel. In: Marinekalender der DDR, Berlin 1980, S. 55-62.

Rickert, Horst u. Helmut Sieger: Erinnerungen an eine große Reise. In: Marinekalender der DDR, Berlin 1982, S. 6-14.

Rickert, Horst: Segelschulschiff „Wilhelm Pieck". Kapitäne berichten. Rostock 2009.

Riemer, Wolfgang: Die Marineschule der GST „August Lütgens". In: Marinekalender der DDR, Berlin 1980, S. 112-118.

Rosentreter, Robert: Die Marineschule am Ryck. In: Marinekalender der DDR 1972, S. 8-19.

Ders.: Im Seegang der Zeit. Vier Jahrzehnte Volksmarine. Geschichten und Anekdoten. Rostock 2000.

Ders.: Schonerbrigg GREIF ex Wilhelm Pieck. Eine Segelschiffslegende. Rostock 2001.

Sensfuss, Günter: 10 Jahre Seesport. In: Seesport (Zeitschrift). Jg. 9, Nr. 1/1960.

Sieger, Helmut: Maritime Interessen wecken. Erlebnis und Bewährung für maritim begeisterte Bürger. Eine historische Betrachtung der Marineschule der Gesellschaft für Sport und Technik Greifswald-Wieck. Vortrag für

ein Symposium der Schifffahrtsgeschichtlichen Gesellschaft OSTSEE e.V. am 20. August 2005 in Greifswald-Wieck, S. 2-21.
Ders.: Segelschulschiffe sind Schulen des Charakters. Zur Historie des Segelschulschiffes „Wilhelm Pieck“. In: Ebda, S. 22-27.
Ders.: Kreuzkurse meines Lebens mit und für eine Schonerbrigg. Chronik historischer Erlebnisse mit dem Segelschulschiff „Wilhelm Pieck“, seinen Kapitänen und Besatzungen. Private Aufzeichnungen (Computerdruck) o. O. u. o. J. (Strausberg 2010).
Ders.: Erinnerungen eines „alten“ Seesportlers. In: Marinekalender der DDR. Berlin 1971, S. 154-168.
Ders: 35 Jahre Segelschulschiff „Wilhelm Pieck“. In: Marinekalender der DDR, Berlin 1986, S. 68-72..
Stahmann, Günter: Das Segelschulschiff der GST auf Regattakurs. In: Marinekalender der DDR, Berlin 1976, S. 170-179.
Ders.: Von Anfang an dabei: Helmut Sieger. In: Marinekalender der DDR, Berlin 1977, S. 43-49.
Wachs, Rainer: Unter der Flagge der GST. In: Marinekalender der DDR, Berlin 1974, S. 200-211.
Weitendorf, Ernst: Aus dem Logbuch meines Lebens. 2. Aufl. Rostock 1969.

DANKSAGUNG: ***Bei der Neubearbeitung der vorliegenden Publikation bin ich Herrn Korvettenkapitän a. D. Dr. päd. Helmut Sieger, Strausberg, dem langjährigen Leiter der GST-Marineschule Greifswald-Wieck (1958-1972), für wertvolle Hinweise und Bereitstellung weiteren Schrifttums und Bildmaterials zu besonderem Dank verpflichtet. Ebenso danke ich recht herzlich Herrn Karl Heinz Hanke, Greifswald, dem letzten Kapitän des Sporttaucherschiffes „Artur Becker“ (1992-2010); Herrn Wolfgang Fusch, Greifswald, Kapitän des Segelschulschiffes „Greif“ und Herrn Roland Hunscha, Greifswald, I. Offizier des Segelschulschiffes, für ergänzende Auskünfte. Des Weiteren danke ich dem bekannten pommerschen Kunstschaffenden, Herrn Helmut Maletzke, Greifswald, für entsprechende Grafiken maritimen Inhalts, die er für Illustrationen zur Verfügung stellte und meiner Vereinsfreundin, Frau Dr. päd. Monika Brökel, Bücherfreunde Greifswald e.V., für Lektoratsarbeiten.***

Aufstellung der Greifswalder GST-Schulschiffe

Lfd Nr.	*Name/ Besatzungsstärke*	*Schiffstyp*	*Werft / Baujahr Segelfläche o. PS*	*Größe: Länge, Breite, Tiefgang*	*Schulschiff von-bis*	*Bemerkungen*
1	Jonny Schehr (ex. Nirwana)	Spreizgaffel ketsch	-, -, 130 qm	15 m, -, -	1955-1960	1960 abgewrackt
2	Max Reichpietsch	Yawl	-, -, 80 qm	12,2 m, -, -	1954-1958	zur MTW Wismar
3	Helgoland (ex. Beowulf)	Spreizgaffel kutter	-, -, 71 qm	11 m, -, -	1954-1958	z.MK Rostock
4	Albin Köbis	Seekreuzer	-, -, 50 qm	-	1954-1958	z. VW Stralsund
5	Hein Godenwind (ex. Beatrix)	Seekreuzer	-, -, 50 qm	-	1954-1958	GST-KV Wolgast
6	Knechtsand	Seekreuzer	-, -, 75 qm	12,5 m, -, -	1954-1958	GST-KV Wismar
7	Ernst Thälmann späterer Name "Ernst Schneller" St: 2,Schüler 8	Seekreuzer	PGH Rostock-Gehlsdorf 1952, Nach Umbau 1979 150 qm u. 45 PS	18,50 m, 4,00 m, 2,70 m	1954-1990	1990 verholt nach Anklam, neuer Name „Wappen von Anklam"
8	Knechtsand(II)	8-CR-Klasse	-	-	1958-1962	Zum KAZ Ückermünde
9	Max Reichpietsch(II)	8-CR-Klasse	-	-	1958-1962	Zum KAZ Ückermünde
10	Wilhelm Pieck Stamm: 11, Schüler: 35	Schoner-brigg bzw. Brigantine	Warnowwerft Warnemünde 1951, 570 qm, 100 PS	41 m, 7,60 m, 3,60	1951- 1990 bis19 54 in Rostock	seit 1990 „Greif", Eigner Hansestadt Greifswald
11	Patriot Gesamt bes. 25	KS-Boot	Peenewerft Wolgast 1951, 2 x 100 PS	26,25 m, 4,60 m, 1,60 m	1956-1960	1960 verschrottet
12	Freundschaft(I) Gesamt bes. 35	Räumboot R-218	-, 1943/44, 2 x 1400 PS	39,40 m, 5,40 m, 1,80 m	1956-1959	1959 abgewrackt, in Ostsee versenkt
13	Pionier (I)	Barkasse	Bootswerft Greifswald 1957, -	-	1957-1958	z. GST-MK Rostock
14	Krake	Heuer Taucher-boot	(Holz, Klinkerbauweise)	8,00 m, 2,40 m, -	1960-1967	z. GST- SPKL Seeburg b. Eisleben

15	F. L. Jahn Stamm: 4, Schüler: 13	24-m-Kutter	Bootswerft Greifswald 1949/50, 200 PS und Stützsegel 54 qm	24,00 m, 6,70 m, 3,52 m	1958-1972	Zum BAZ Rostock, 1978 verschrottet
16	Freundschaft (II) (ex. Fürstenberg) Stamm: 6, Schüler: 23	Hilfs- u. Räumschiff	älterer Bestand, Umbau Peenewerft Wolgast 1951, 2 x 300 PS	28,86 m, 6,31 m, 2,75 m	1959-1973	nach Stralsund, Umbau zum Pionierschiff
17	Pionier (II) Stamm: 6, Schüler: 14	KS-Boot	Yachtwerft Berlin-Köpenick, - , 2 x 270 PS	27,80 m, 4,80 m, 1,58 m	1960-1973	zum KAZ Stralsund
18	Partisan	KS-Boot	Yachtwerft Berlin-Köpenick, - , 2 x 270 PS	27,80 m, 4,80 m, 1,58 m	1960-1967	zum KAZ Wismar, ab 1969 BAZ Potsdam, 1974 Verschrottung
19	Patriot Stamm: 5, Schüler: 14	Zollboot	Yachtwerft Berlin 1961, 3 x 370 PS	24,50 m, 5,95 m, 1,80 m	1964-1974	nach BAZ Rostock, 1981 verschrottet
20	kein Bootsname	Motor-barkasse (MB 13)	nach 1961 Jachtwerft Berlin-Köpenick, -	-	1965-1977 ?	Transport u. Schleppboot für Taucherausbildung im Greifswalder Bodden
21	Ernst Thälmann (I) St: 18, Schüler: 50	MLR Typ Habicht	Peenewerft Wolgast 1953, 2 x 1400 PS	59,00 m, 8,00 m, 1,10 m	1968-1977	1978 abgewrackt u. verschrottet
22	Artur Becker (ex. Ruden) St: 8, Schüler: 24 St: 6, max. 26	Logger Hilfsschiff	Roßlauer Schiffswerft 1951, Umbau Peenewerft Wolgast 1982, 300 PS	38,95 m, 7,20 m, 3,60	1971-1990	1990 bis 2010 Eigner: STZ d. Hansestadt Greifswald, dann nach Dänemark verkauft
23	Freundschaft (III) (ex. Rügen)	Logger Hilfsschiff	Roßlauer Schiffswerft 1951, Umbau Peenewerft Wolgast 1979, 300 PS	38,95 m, 7,20 m, 3,60	1974-1979	nach Griechenland verkauft
24	Ernst Thälmann (II) (ex. Anklam) St: 11, Schüler: 28	MSR	Peenewerft 1959, Umbau Neptunwerft 1978/79, 2 x 2500 PS	51,89 m, 6,91 m, 4,40 m	1977-1990	1990 Überführung nach Dänemark
25	Albatros Stamm: 2, Schüler: 6	MAB-12	Yachtwerft Berlin-Köpenick 1976, 135 PS	12,45 m, 3,96 m, 1,10 m	1976-1990	1990 zum STZ Greifswald

26	Ryck Stamm: 2, Schüler: 6	MAB-14	Yachtwerft Berlin-Köpenick 1979, 140 PS	14,25 m, 3,00 m, 0,95 m	1979-1990	1990 zum STZ Greifswald
27	Peene	MAB-14	Yachtwerft Berlin-Köpenick 1979, 140 PS	14,25 m, 3,00 m, 0,95 m	1979-1980	zum BAZ Rostock

BAZ = Bezirksausbildungszentrum
KAZ = Kreisausbildungszentrum
KS-Boot = Küstenschutzboot
KV = Kreisvorstand der GST
MAB = Motorausbildungsboot (Barkasse)
MLR = Minenleg- und Räumschiff
MSR = Minensuch- und Räumschiff
MTW = Mathias-Thesen-Werft Wismar
SPKL = Seesportklub
STZ = See- und Tauchsportzentrum Greifswald
VW = Volkswerft Stralsund
8-CR-Jacht = schnelles und komfortables Segelboot (Internationale Cruiser Racer Formel), seit 1950/51 im Einsatz

Es wurden nur die Daten berücksichtigt als die Schiffe im Dienst der GST-Marineschule Greifswald -Wieck standen.

Hafenpanorama von Greifswald-Wieck, um 1980

MSS „Ernst Thälmann“ (I) ausgemustert an der Ryckmündung, 1977

Kapitän Herbert Breitsprecher (gest. 1988) auf der Kommandobrücke des MSS „Artur Becker“, um 1985

Taucherboot „Krake“ aufgeslippt, 1964

MSS „Freundschaft“ (III) und MSS „Artur Becker“, um 1975

MSS „Ernst Thälmann“ (II) an der Pier der GST-Marineschule, um 1980

Der Vorläufer der GST-Seesportschule, um 1955

MSS „Ernst Thälmann“ (II) auslaufbereit, um 1980

SSS „Wilhelm Pieck“ im Stadthafen Greifswald am 7. Oktober 1954

MSS „Artur Becker“ läuft zur Ausbildungsfahrt aus, um 1975

Segelschulschiff „Wilhelm Pieck“ im Greifswalder Bodden

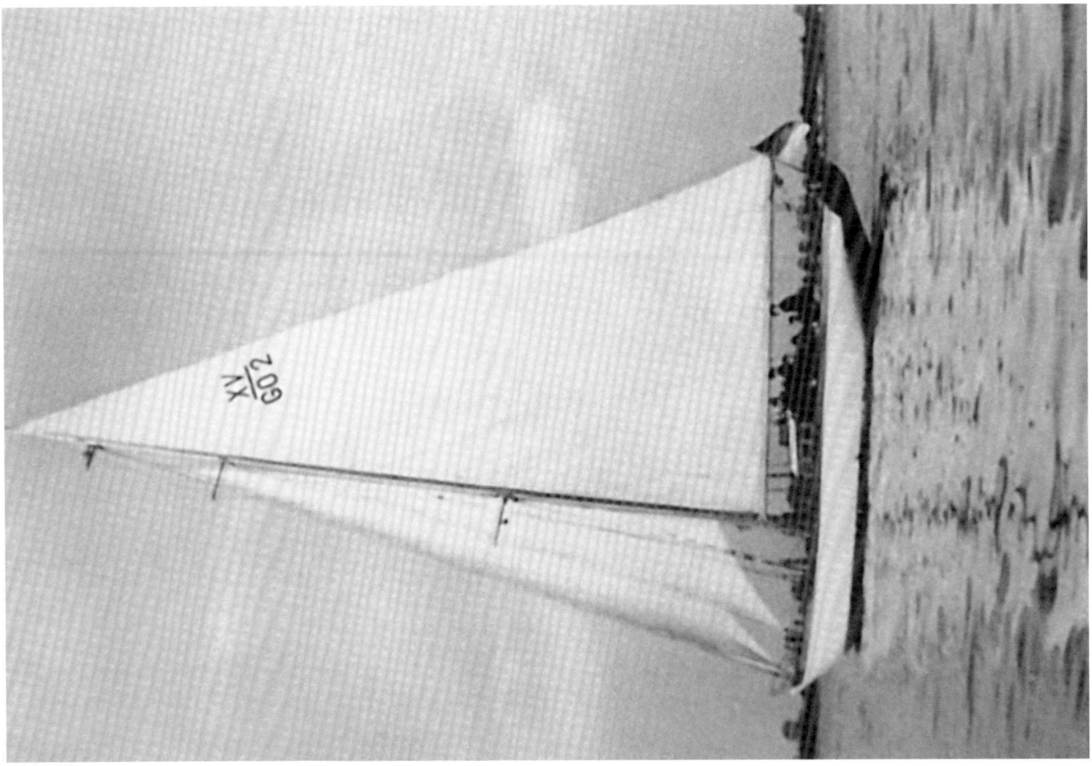

Hochseejacht „Ernst Thälmann“, später „Ernst Schneller“, um 1960

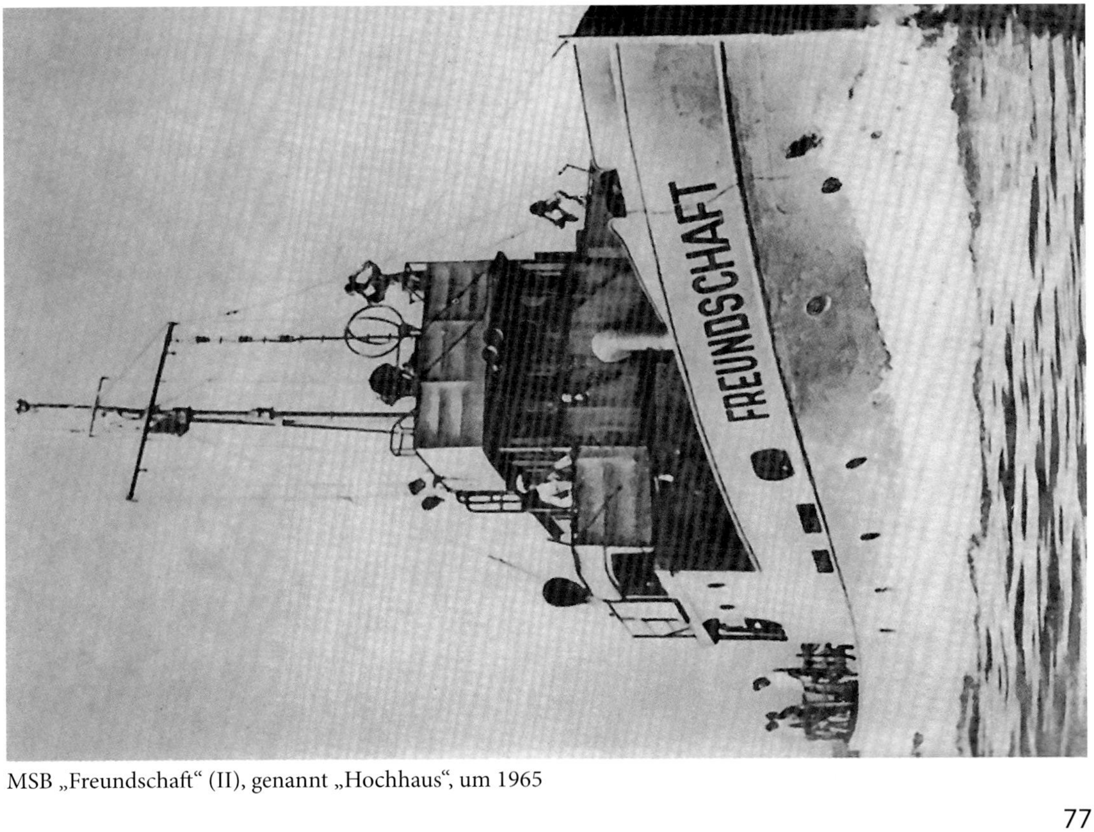

MSB „Freundschaft“ (II), genannt „Hochhaus“, um 1965

Schulleiter Helmut Sieger (r.) mit Kapitän Horst Rickert und sowjetischen Gästen

MSS „F. L. Jahn“ auf See, um 1969

Große Musterung vor MSS „Ernst Thälmann" (I), um 1970

Drei Kapitäne des Segelschulschiffes (v.l.n.r Helmut Stolle, Horst Rickert, Karlheinz Schäfer [verst. 2011])

Bildverzeichnis

Bildnachweise

Archiv Dr. H. Sieger: S. 77 o., 78, 79
Archiv Karl Heinz Hanke: S. 72 o.
Foto Wolfgang Wilhelmus: 75 o., Foto Günther Stelzer: S. 76
Alle anderen Abbildungen stammen aus dem Archiv des Autors.